戦後の変遷から未来を占う

岐路に立つ自衛隊

第22代統合幕僚会議議長
夏川和也

元陸将
山下輝男

文芸社

岐路に立つ自衛隊

戦後の変遷から未来を占う

はじめに

夏川和也（第二二代統合幕僚会議議長）

日本は大東亜戦争に敗れ、米国を主とする連合国の占領下に置かれた。そして、二度と日本を軍事力を持つ大国にはしないという米国の考えの下、憲法の制定を始め、軍隊の不保持・民主化を基本とした各種施策が講じられたのである。

一九五〇年、朝鮮戦争勃発に伴い在日米軍は朝鮮半島に緊急展開をした。そのことによって生じる日本防衛の空白を埋めるため、まずは治安維持を任務とする警察予備隊が創設され、旧日本海軍の優秀な掃海（機雷排除）能力を活用するための海上警備隊が続き、数年後、航空兵力の必要性から航空自衛隊が設立された。

一方、世間では、再軍備反対の大シュプレヒコールと「番犬論」や「戸締まり論」に代表される賛成派の激しい議論が起こった。

不要論と肯定論が渦巻くなか、ペースこそ緩慢ではあったが、自衛隊は着実に装備を充実させ、訓練を重ね、力をつけていく。それに伴い、国内での防衛体制・態勢の維持、市民生活に密接に関係する災害派遣や、民生活用等法律で定められた平時の任務を堅実に実施してきたのだった。

この間、南極観測・災害派遣等の特異なものを除いて、部隊が訓練以外で海外に出ることはなかった。しかし一九九一年の湾岸戦争時、ペルシャ湾に敷設された残留機雷排除のための掃海艇派遣を嚆矢としてその状況は変化する。翌一九九二年にはカンボジアへの陸上部隊派遣、以後、各種事態の対応に苦慮する様々な国・地域に向け、平和協力業務、難民救済、通信・輸送業務、復興支援、テロ対策等々の目的で、任務に応じた新しい法律を作成し、陸・海・空の各部隊が派遣されるようになってきている。

これら自衛隊の行動が、今日一定の評価を得ていることは確実である。しかしながら派遣のタイミングや行動の制限等々、依然残された問題も少なくない。

また日本周辺の情勢をみれば、中国の異常な戦力増強と行動、核運搬手段を保持する北朝鮮の動向、眠れる超大国ロシアの動きなども大いに気になるところだ。日本の安全を確保するとともに国際社会での信頼を得ていくためには、自衛隊の適時適切な行動が必要であることはあまりにも明かであるといえよう。

今後、我が国日本の安全をどのように確保していくのか、そのなかでの自衛隊の位置付けをどのように定め、どのように使うのか、さらにはどんな能力を持たせるのか、しっかりとした議論と決断が必要であることは確実である。そういう意味では、本書のタイトルは「岐路に立つ自衛隊」ではなく「岐路に立つ日本」とした方がよかったのかも知れない。

日本の防衛に関しての各範におよぶ経緯と現状については、「防衛白書」という素晴らしい出版物がある。また有識者による、安全保障・防衛に関する各種論説・出版物も少なからず発行されている。その全てが当然のように大いに参考になるところではあるが、一方で長年自衛隊員として防衛に携わってきた人間の、現場を経験してきたうえでの意見も参考になるのではないだろうか。そんな思いでいたところ、今般、文芸社の薦めがあり、現在の状況に私たちが日々感じていることをまとめ、出版することとなった。文芸社に感謝申し上げるとともに、この一書が活発な議論の一助になれば望外の幸いと考えているものである。

『岐路に立つ自衛隊』目次

第一章・歴史概観

一　憲法第九条について

■憲法前文と第九条の関係

第二次世界大戦に敗れ、連合国軍最高司令官総司令部（以下「ＧＨＱ」）に統治された戦後日本の国防は、全て現行の日本国憲法から出発している。まずはその憲法、特に第九条をみていこう。

一九四七年五月三日に日本国憲法が施行された。

その前文には、

『日本国民は、恒久の平和を念願し、人間相互の関係を支配する崇高な理想を深く自覚するのであって、平和を愛する諸国民の公正と信義に信頼して、われらの安全と生存を保持しようと決意した』

と、極めて理想主義的な決意が浩然と謳われている。

その一方で、同憲法の第九条は武力・戦力について、次のように規定している。

・憲法第九条

一　日本国民は、正義と秩序を基調とする国際平和を誠実に希求し、国権の発動たる戦争と、武力による威嚇または武力の行使は、国際紛争を解決する手段としては、永久にこれを放棄する。

二　前項の目的を達するため、陸・海・空軍その他の戦力は、これを保持しない。国の交戦権はこれを認めない。

この両者を併せて読めば、日本国民は『諸国民の公正と信義に信頼』し、『陸・海・空軍その他の戦力は、これを保持しない。国の交戦権はこれを認めない』とつながるのが自然である。また、憲法といえども人間が作ったものである以上、その作成時の世界情勢や時代的背景から大きな影響を受けていることは間違いない。

例えば、憲法第九条をめぐっては、国会での審議過程で当時の吉田首相が「自衛権の発動としての戦争も放棄したものである」と明言（一九四六年六月二六日）した。ただしその発言には、前年の一九四五年に発足した国際連合（以下「国連」）の存在が大きく影響していたと考えられる。つまり、吉田首相の公式見解は、国連に日本国の安全を委ねることを想定したうえのものであったという説が強い。つまり、その前提があれば、憲法前文の趣旨と憲法第九条の内容は見事に合致している。

しかしながら、その後の国際情勢は大きく変化してしまった。その原因は、早くも第二次世界大戦直後から明らかになったアメリカ合衆国とソビエト連邦間の対立、いわゆる冷戦によるものだった。

冷戦状態の結果、国連は当初想定されたようには機能せず、憲法前文に謳われた『諸国民の公正と信義に信頼して、われらの安全と生存を保持』することは困難となってしまう。即ち、時間の経過とともに憲法と現実間の乖離が顕著になってきたのである。

ヨーロッパではポーランドやドイツなどの戦後処理をめぐって米ソ対立が次第に顕在化していた。一方、日本周辺での火種となったのは朝鮮半島だった。終戦によって日本から独立した朝鮮は北緯三八度線で米ソの両勢力圏へと分断されていたのである。その結果、一九五〇年六月には朝鮮戦争が勃発。在日米軍の主力が国連軍として朝鮮半島に展開することとなり、それに代わって国内の治安維持を図るために、同年八月に警察予備隊が創設されたのだった。

また一九五一年には、対日講和条約と安保条約が調印され、翌一九五二年四月二八日、日本は敗戦で失った主権を回復し、独立国家として国際社会に復帰することとなった。

■憲法第九条はどのように生まれたか

憲法第九条について考えるには、その条文がどのような意図で、どのような過程を経て作成されたかを知らなければならない。

ナチス・ドイツ降伏後の一九四五年七月、ベルリン郊外ポツダムにアメリカ、イギリス、ソ連の連合国三カ国首脳が集まり、大戦後の世界処理について話し合った。これがポツダム会談である。その際に米英中の三国名で日本に対しての降伏条件が発表された。日本はこのポツダム宣言を受諾し、八月一五日正午を期して戦争は終結したのだった。ポツダム宣言には、日本の軍国主義の駆逐、戦争遂行能力の破砕、日本国軍隊の完全なる武装解除、戦争犯罪人の処罰などが規定されていた。ただし、そこに憲法改正についての言及はない。また、その後に示された連合国の「初期対日方針」にも憲法については触れられていない。ただし、米国政府は日本の憲法改正は当然と認識していたし、実際に日本の戦後処理にあたったGHQのマッカーサー元帥が、日本政府に対し一〇月には憲法改正を示唆する。

また一方の日本政府も独自に研究を進め、憲法問題調査会で草案を練っていた。しかし、その内容はGHQの意図とは明らかに異なったものであった。これに対しマッカーサー元帥はGHQとしての憲法改正基本原則を示して、新たな草案の起草を命じた。その基本原則は「マッカーサー・ノート」と呼ばれている。

第一原則の天皇制の維持、第二原則の戦争放棄、第三原則の封建制度の廃止がその内容であった。

「マッカーサー・ノート」の第二原則は『国権の発動たる戦争は、廃止する。日本は、紛争解決のための手段としての戦争、さらに自己の安全を保持するための手段としての戦争をも、放棄する。日本はその防衛と保護を、今や世界を動かしつつある崇高な理想に委ねる。日本が陸・海・空軍を持つ権能は、将来も与えられることはなく、交戦権が日本軍に与えられることもない』となっていた。

いうまでもなく、これが第九条の原型となった。その意味が、絶対的な戦争放棄であることは明白である。

GHQで起草を担当した民政局では、戦争放棄にかかわる部分でマッカーサー・ノートにあった『自己の安全を保持するための手段としての戦争をも放棄する』との文言が削除された。その一方、『武力による威嚇または武力の行使』を放棄することが追加された。

この点は非常に重要だ。マッカーサー・ノートは自衛戦争をも放棄するものだが、民政局案であれば自衛権保有が可能であるばかりか、自衛戦争さえ可能と解釈出来るからである。

日本政府はGHQから示されたこの草案をもとに日本側の案（三月二日案）を作成した。この案がGHQで若干の字句修正等を経て「憲法改正草案要綱」として発表されることになる。ちなみにこの要綱案における第九条は次の通りである。

『国ノ主権ノ発動トシテ行フ戦争及武力ニ依ル威嚇又ハ武力ノ行使ヲ他国トノ間ノ紛争ノ解決ノ具トスルコトハ永久ニ之ヲ抛棄スルコト　陸・海・空軍其ノ他ノ戦力ノ保持ヲ許サズ国ノ交戦権ハ之ヲ認メザルコト』

本案が憲法改正草案として発表された際には、文語体がひらがなの口語体となり、枢密院と帝国議会で審議され、修正が施された。

そのなかでも大きいのは、第二項の冒頭に「前項の目的を達するため」と加えられた点である。修正案提案者の名をとって芦田修正といわれるこの修正により、自衛権の保持や国際安全保障への参画が可能になったとする見方もある。現在の憲法第九条はこのような過程を経て成立したのである。

■時代によって変化してきた憲法第九条と自衛権解釈

現在、一般に世界で活用される法律の体系は二系統ある。慣習法として判例を重視する英米法（コモン・ロー）と、西ヨーロッパで用いられ成文法を重視する大陸法（シビル・ロー）だ。両者のうち、日本では後者の大陸法が主流である。条文を厳密に考察する文理解釈が重視され、各種状況を柔軟に取り入れた解釈が行われることは少ない。

では、そのような日本において、憲法第九条はどのように解釈されてきたのだろうか。

・様々な憲法第九条の解釈

憲法第九条はその曖昧さから、様々に解釈される余地が大きい。実際、これまでには正反対の解釈が互いに正当性を主張する事態さえ起こってきた。とはいえ、憲法・比較憲法学を専門とする法学者の西修氏によれば、代表的な解釈は次の四つに大別できるという。

第一が、自衛のための戦争を含め、一切の戦争および戦力を放棄しているとする説。

第二は、自衛戦争および自衛のための軍隊その他の戦力は放棄していないとする説。

第三は、自衛のためといえども、戦力の保持は許されないが、戦力に該当しない実力、つまり自衛力の保持は許されるとする説。

第四が、憲法第九条に法的規範性を求めず、独立国に自衛権が留保されている限り、当然自衛のための戦力は保持し得るとする説。

である。

また、「戦力」と「交戦権」についても議論がある。

まず、戦力をどのように解釈するかの見解が分かれる。この点に関し、昭和二九年以降の答弁や統一見解を踏まえ、政府は次のように定めている。

『(略)自衛権は否定されておらず、自衛のための必要最小限の武力の行使は認められている……同条二項は『戦力』の保持を禁止しているが、このことは、自衛のための必要最小限度の実力を保持することまで禁止する趣旨のものではなく、これを超える実力を保持することを禁止する趣旨のものであると解している』

自衛隊が「戦力なき軍隊」と揶揄されることとなった原因はここにある。

また、交戦権については、次のように解釈されている。

『戦いを交える権利という意味ではなく、交戦国が国際法上有する種々の権利の総称であって、このような意味における交戦権が否認されている』

つまり政府は、自衛隊は通常の軍隊とは異なるとしたうえで、日本には交戦権以外の戦う権利はある、としているのだ。

●憲法第九条解釈はどのように変化したか

一九四六年六月、衆議院本会議で吉田茂首相が自衛権は否定していないが、第九条二項において一切の軍備と国の交戦権を認めない結果、自衛権の発動としての戦争も交戦権も放棄したものである、と発言した。これは「一切の戦争および戦力を放棄している」という説明である。

次いで、自衛隊が創設された一九五四年一二月、鳩山一郎内閣の大村防衛庁長官は衆議院予算委員会で次のように答弁している。

『憲法は戦争を放棄したが、自衛のための抗争は放棄していない。（中略）他国から武力攻撃があった場合に、武力攻撃そのものを阻止することは、自己防衛そのものであって、国際紛争を解決することとは本質が違う。従って、自国に対して武力攻撃が加えられた場合に、国土を防衛する手段として武力を行使することは、憲法に違反しない。（中略）自衛隊のような自衛のための任務を有し、かつその目的のため必要相当な範囲の実力部隊を設けることは、何ら憲法に違反するものではない』

これによって憲法解釈が大きく変更されたのである。

その四年後、米軍基地拡張に反対する砂川闘争に関する判決（一九五九〈S三四〉年一二月）で、最高裁大法廷は、

『同条（憲法第九条）は、同条にいわゆる戦争を放棄し、いわゆる戦力の保持を禁止してい

るのであるが、しかしもちろんこれにより日本が主権国として持つ固有の自衛権は何ら否定されたものではなく、わが憲法の平和主義は決して無防備、無抵抗を定めたものではないのである。（中略）日本が、自国の平和と安全を維持しその存立を全うするために必要な自衛のための措置をとりうることは、国家固有の権能の行使として当然のことといわなければならない』という法律判断を示した。

これは初めて司法府が、憲法第九条によって自衛権が否定されていないという判断を示したものとして大きな意義を持つ。さらに、同判決が集団的自衛権の行使を禁じていない点にも留意すべきである。

・憲法解釈にかかわる問題点

日本が（個別的）自衛権の下に、自衛のために必要最小限の実力を保持することは、次第に国民の理解を得ることとなった。それは前述の解釈の変化とともに、創設された警察予備隊・保安隊・自衛隊の地道な活動によるものであり、現在では自衛隊の存在を憲法違反と批判する意見は少なくなっている。

ただし、依然として集団的自衛権、集団安全保障などに関する各解釈には隔たりが大きい。そのため、自衛権の運用は極めて抑制的・厳密な解釈に基づいたものとならざるを得ない。これは国家防衛のための防衛力に手枷・足枷がかけられ、柔軟性を欠く状態といえる。

現実的には以下の内容についての解釈が問題となっている。

●集団的自衛権に関する解釈の現状

憲法第九条は、自衛権や集団安全保障について明示していない。しかしながら、日本が主権を回復したサンフランシスコ平和条約（一九五二年四月発効）においてはその第五条、国連（日本は一九五六年一二月加盟）の国連憲章においては五一条にその記載がある。加盟国の固有の権利として、個別的および集団的自衛権を保有することが明示されているのである。

このうちの集団的自衛権は、一九六〇年の日米安保条約改定時から議論されてきた。ただし、これは「特別に密接な関係にある国が攻撃された場合に、その国にまで進出し同国を防衛するという意味における集団的自衛権は、日本国憲法上持っていない」に代表される、いわゆる海外派兵禁止の議論が主だった。その国会での論戦を整理する形で、政府は一九八一年、公式見解を出した。

『国際法上、国家は、集団的自衛権、すなわち、自国と密接な関係にある外国に対する武力攻撃を、自国が直接攻撃されていないにもかかわらず、実力をもって阻止する権利を有しているものとされている。我が国が、国際法上、このような集団的自衛権を有していることは、主権国家である以上、当然であるが、憲法第九条の下において許容されている自衛権の行使は、日本を防衛するため必要最小限度の範囲にとどまるべきものであると解しており、集団的自衛権を行使することは、その範囲を超えるものであって、憲法上許されないと考えている』がその内容である。

つまり、日本は集団的自衛権を保有するが、その行使は禁止されているとしたのである。それ以降は個々のケースが集団的自衛権の行使にあたるか否か、ひいては憲法違反にならないかという議論が行われる。例えば、シーレーン防衛、米軍への情報提供、リムパック参加などは個別的自衛権の行使であると説明された。また、ＰＫＯなどの自衛隊海外派遣について議論され、武力行使との一体化論議が行われた。

二〇〇〇年代初頭には、政府が集団的自衛権の問題について様々な角度から検討した。その多くは、弾道ミサイル防衛を想定した議論である。主要な内容は以下の三点であった。

保有するが行使できないという論理的矛盾。

日米安保共同作戦上の不合理性。

日本周辺の安全保障環境激変への対応。

・国連が行う集団安全保障への参加

一九六〇年代には内閣法制局により、正規の国連軍に日本が武力行使を含む部隊を提供することは憲法上問題ないとされていた。ところが一九八〇年の政府答弁書は『国連軍の目的・任務が武力行使を伴うものであれば、自衛隊がこれに参加することは憲法上許されない』とした。

解釈が変更されたのである。

ただし一方では、正規の国連軍参加の合憲性については明確な判断を避け、研究中と留保している。

いずれにせよ、朝鮮戦争以後は正規の国連軍が創設されたことはなく、また、国連常任理事国間の利害が一致しない現状では新たに国連軍が設置される可能性は低く、当然、自衛隊参加の可能性は少ない。

しかしながら、国連が行う集団安全保障にかかわる措置に関してはどうだろうか。例えば、国連安保理決議に基づく機雷掃海は、武力の行使そのものであり、現状の解釈では自衛隊は参加できない。しかし、そのような日本独特の考え方が国際社会の理解を得られるかについては否定的にならざるを得ない。

既述の答弁書には同時に、『当該国連軍の目的・任務が武力行使を伴わないものであれば自衛隊がこれに参加することは憲法上許されないわけではない』とある。

実際、この考えに基づいて「参加」ではなく「協力」という形、また自ら武力を行使せず、他国の行う武力行使とも一体化しないという条件を自らに課した国際平和維持活動などへの協力が行われているのである。これが「武力行使との一体化論」という、世界でも他に例のない論理的制限を受ける日本のＰＫＯ活動の実態である。しかしながら、これは武器の使用と武力行使とが混同された結果でしかない。

・自衛権発動の条件に合致しないような事態への対応

日本の自衛権について、実際の行使には三つの要件があるとされる。

第一に、日本に対する武力攻撃が発生したこと、または日本と密接な関係にある他国に対する武力攻撃が発生し、これにより日本の存立が脅かされ、国民の生命、自由および幸福追求の権利が根底から覆される明白な危険があることである。

次に、その武力攻撃を排除して日本の存立を全うし、国民を守るために他に適当な手段がないこと。

そして第三に、必要最小限度の実力行使にとどまるべきこと、だ。

しかしながら、理論上は明確であっても、実際にこれらの要件の可否を判断するのは極めて困難だ。何をもって日本に対する組織的計画的な武力の行使とするかは曖昧であるし、事態が急速に進展する可能性への十分な対応方法も準備されていないからである。

二　陸・海・空各自衛隊はどのように誕生したか

警察予備隊から保安隊、陸上自衛隊へと変遷していった陸上自衛隊。同じく海上警備隊から警備隊、海上自衛隊へと変わっていった海上自衛隊。そして陸・海・空による三軍体制の一翼を担うべく、陸・海から分離発足した航空自衛隊と、それぞれの発足経緯は異なっている。その概要を理解することで、現在にまでつながる陸・海・空各自衛隊の性格的な一端が窺い知れる。

■陸上自衛隊

一九四五年、日本はポツダム宣言を受諾し、大日本帝国陸軍および大日本帝国海軍は解体された。これ以後、日本の防衛は米軍を中心とする進駐軍が担うことになる。

ところが一九五〇年六月二五日（日）、かねてから緊張状態にあった朝鮮半島で、北朝鮮軍が韓国を奇襲。これによって朝鮮戦争が勃発し、在日米軍の大半が朝鮮半島に展開せざるを得ない状況が生じた。つまり日本の防衛体制に空白が生じたのである。

この事態に、マッカーサー元帥は日本政府に書簡を送る。内容は、緊急出動した在日米軍の空白を埋めるために、憲法に抵触しない形で治安部隊の創設を急がせるものだった、これによって同年八月に発足した警察予備隊が陸上自衛隊の起源となる。

警察予備隊発足に至る過程では、米本国の国務省や陸軍省は、日本再軍備推進に傾いていた。一方、マッカーサー元帥は、断固、日本再軍備に反対だった。両者間では丁々発止の議論が行われたのである。

このように日本の再軍備に関する意思決定が混乱するなか、朝鮮戦争が勃発し治安維持部隊の創設が急がれた結果として、警察予備隊は「警察以上、しかし軍隊以下」という中途半端な形で誕生せざるを得なかったといえる。

・警察予備隊の創設をめぐる諸問題

マッカーサー指令が発せられた一九五〇年七月八日、警察予備隊創設準備のGHQ参謀第二部連絡室が越中島の旧東京高等商船学校に置かれ、一四日には民事局別館（CASA）が設置されて、予備隊創設と育成指導を担当することになった。

民事局の担当になったのは、軍事面よりも政治面を重視したからとされる。CASAに対しては、将来四個師団の陸軍に増強可能な部隊作りが指令されており、その実現には様々な苦労があったという。

・警察予備隊の組織

一九五〇年八月一〇日、警察予備隊令が公布された。

警察予備隊は総理府の外局扱いとなり、警察とは独立して内閣総理大臣の指揮を受けることになった。中央には総理の下に警察予備隊本部（約一〇名）が置かれ、警察予備隊本部長官が任命された。

実力部隊は警察予備隊総隊である。司令部機能を持つ総隊総監部の下に直轄部隊としての四個管区隊（一個管区隊は、管区総監部、普通科連隊、特科連隊、施設大隊、衛生大隊）、管区補給隊が置かれた。各管区隊は、定員約一万三〇〇〇名であり、これは現在の師団に相当するものとなった。

隊員七万五〇〇〇名の募集から入隊までの業務は、GHQの公安課が国警本部と連携して実施した。募集は八月一三日から開始され、一〇月中旬までに七万五〇〇〇名弱が管区警察学校に入隊した。全員が一律に二等警査（現在の二等陸士）であったため、指揮系統を確立するために仮幹部が任命された。

経験に富む旧職業軍人を予備隊に入隊させるメリットは明白だったが、大多数が公職追放対象となっていた。また連合国からの批判や国民感情もあり、結果的に旧職業軍人はすべて除外された。

しかしながら、発足当初の予備隊の指導力不足はいかんともしがたく、大佐クラスを採用して活用することは必須要件だった。警察官僚が上層部を占めている状況にも問題があり、パージ解除とともに旧軍人の入隊を解禁し（大佐級としては、元陸軍大佐一〇名、元海軍大佐一名）、逐次、指導体制が改善された。

なお、制服組トップの中央本部長（後の陸上幕僚長）には、内務官僚出身の林敬三警察監が就いた。

・軽装備から重装備へ

警察予備隊は、朝鮮半島に出動・展開した在日米軍の国内治安維持任務を引き継ぐものとされていたので、当初は軽装備の治安部隊に近いものだった。CASAの要請に基づいて在日米軍兵站部から約七万四〇〇〇丁のカービン銃が提供され、隊員に貸与されたのである。

しかしながら、朝鮮戦争の状況悪化、特に中国人民志願軍の参戦などによって危機感を強めたマッカーサー元帥は、一一月に警察予備隊を重装備化する方針を示し、ソウル再陥落の前日の一九五一年一月三日には警察予備隊に必要と考えられる兵器リストを米本国の陸軍省に送った。

これはM二六パーシング戦車三〇七両を含む七六〇両に及ぶ装軌車両など、即ちほぼ米陸軍の歩兵四個師団に相当する規模だった。ただし、これらの供与は国務省の反対などによって遅延する。

朝鮮戦争での戦略の対立からトルーマン大統領に解任されたマッカーサー元帥の後任となったリッジウェイ中将も警察予備隊を早急に重装備化し、重装備訓練をも許可することを要請。さらに当初の四個師団規模から一五万ないし一八万人体制の八個師団への拡大、次いで三〇万人ないし三二万五〇〇〇人規模の均衡のとれた一〇個師団へと拡大させることを勧告した。これは米統合参謀本部の全面的支持を得て、警察予備隊の重装備化と同訓練への道が開かれたのである。

•警察予備隊の改編

一九五二年一月五日、吉田首相とリッジウェイ大将（連合国軍最高司令官任命後に昇進）の会談が行われた。

米側は、朝鮮戦争勃発に伴う情勢の変化から、早期に警察予備隊を重装備化した一〇個師団規模に再編する希望を表明したが、ワンマン宰相といわれた吉田茂は当面の軍事的脅威に備えるよりも、〝防衛力漸増主義〟を主張。日米間の齟齬が明らかになった。

結果として大勢は、吉田首相の構想に則って進んだ。一九五二年七月の講和条約および日米安全保障条約（以下「安保条約」）の発効と同時に保安庁法を成立させ、次いで警察予備隊と海上警備隊を保安庁の管轄下に置いた。そのうえで、一〇月に警察予備隊は保安隊へと改称された。法的な変化は、警察予備隊令で規定された「警察力を補う」との条項が削除されたことである。これにより名実ともに防衛力増強に向けての第一歩が踏み出された。

•陸上自衛隊の発足

一九五四年六月九日、防衛庁設置法および自衛隊法などが公布され、七月一日に陸・海・空自衛隊が発足した。

発足当初の陸上自衛隊は、一個方面隊および四個管区隊編成で、その武器は米軍供与のものが中心だった。方面隊は、ソビエト連邦の脅威に対応するため、北海道を管轄する北部方面隊であり、北部方面総監部が札幌市に設置された。管区隊は、後の師団に相当するもので第一管区総監部（後の第一師団司令部）は東京都、第二管区総監部（後の第二師団司令部）は北海道旭川市、第三管区総監部（後の第三師団司令部）は兵庫県伊丹市、第四管区総監部（後の第四師団司令部）は福岡県筑紫郡春日町（現：春日市）にそれぞれ置かれた。

その後、一九五八年から一九七六年にわたる第一次から第四次の防衛力整備計画および防衛計画の大綱に従い、陸上自衛隊の整備は大いに進展することとなる。

■海上自衛隊

すでにみたとおり、陸上自衛隊の前身である警察予備隊は朝鮮戦争勃発に伴う緊急の措置として創設され、その後も米国主導の下に組織化されてきた。これとは異なり、海上部隊の創設については、敗戦直後から旧海軍関係者が主体的に取り組んできた。

・終戦直後からの海軍再建計画と日本掃海部隊の行動

終戦直後から、保科善四郎海軍軍務局長の指示によって第二復員局のメンバーは海軍再建計画を進めていた。これは、米内光政海軍大臣による海軍再建の意を受けたものであったが、その研究が本格化するのは一九四八年以降であった。

そんななか、一九五〇年に朝鮮戦争が勃発した。その初期段階での日本掃海部隊の活躍が、米極東海軍当局に日本海軍の役割を評価させ海軍再建が急務であると認識させるきっかけとなったのである。

それ以前の話に戻る。終戦後の日本近海での掃海作業は米海軍掃海部隊が行い、同部隊が引き上げた後は第二復員局の旧帝国海軍部隊が実施していた。その後、海防の問題が緊急の課題となるとともに、米沿岸警備隊（コーストガード）ミールス大佐の勧告に基づいて沿岸警備隊を創設することとなる。こうして一九四八年、運輸省の外局として海上保安庁（海保）が設置された。それとともに掃海部隊も海保に移されたのである。

朝鮮戦争での半島東岸・元山上陸作戦に当たっては、複雑なソ連製感応機雷を処理する必要があり海保に対し米軍から掃海部隊派遣の要請があった。日本政府は大いに躊躇したが、吉田首相の決断によって派遣が実現したのである。

その結果、約二カ月間にわたって四六隻の掃海艇、約一二〇〇名の隊員が困難な掃海業務に従事した。二隻の掃海艇が沈没、乗員一名が死亡、八名が負傷するという犠牲を払ったが、その勇敢な行為が称賛され、米極東海軍司令部の旧日本海軍関係者に対する評価は格段に高まった。

・野村機関による海軍再建研究会

一九五一年、陸軍のみを再建する方針という米側の情報を入手した旧帝国海軍関係者が集った。一月二四日には野村吉三郎元大将を代表に、俗に野村機関と呼ばれる新海軍再建研究会が極秘裡に創設された。その後、野村機関は米極東海軍司令部参謀副長のバーク少将と広範な問題について密接に意見交換を行うような関係を築く。これによって、野村機関と米極東海軍司令部やGHQとの関係は急速に深まっていった。

・Y委員会

対日平和条約と日米安保条約が締結され、翌一九五二年四月には日本が独立を回復する政治日程が明白になるなか、日米双方の意見交換はますます濃密になった。具体的に米国艦艇六八隻の貸与が決定されるとともに、海軍再整備の形についての本質的な議論が交わされた。新海軍なのか新コーストガードか、あるいは海保の一部とするかなどの問題が議論されたのであった。

これらを話し合う日米合同委員会の日本側委員の選抜は、海保長官と野村機関の山本善雄元海軍少将に委ねられた。その結果、委員は旧海軍関係者八名、海保側三名という陣容となる。

米側も人選を終え、合同委員会が発足したが、日本側ではこれを「Y委員会」と呼んだ。

委員会最大の争点となったのは、新機構を新たな海軍とするか海保の強化とするかであった。ところが、結果的には内部では結論を出すことが出来ず、裁定は米極東海軍顧問団に持ち込まれた。そこで新機構は海保から独立した組織とすべきとなり、〝スモールネイビー〟が発足することとなったのである。

●海上警備隊の発足

一九五一年一二月末、米統合参謀本部は日本防衛軍の迅速な建設を継続することが緊要であるとして、陸海軍両軍体制創設の意向を示した。また、海上保安庁法の改正案がGHQの承認を得て三月二三日に成立し、二六日に施行された。

改正された海上保安庁法には海上警備隊を創設することが盛り込まれ、いずれ分離独立させることとされていた。海上警備隊は四月二六日から、警備隊として分離独立する七月三一日まで存続した。海上保安庁長官の下に、海上警備隊総監と幕僚機構が設けられ、一九五三年一月には横須賀地方監部長と地方監部、船隊が編成された。

創設時の海上警備隊の陣容は、海上保安庁から移管された掃海艇四三隻であった。

・海上警備隊から警備隊、そして海上自衛隊へ

海上警備隊は、発足後わずか三カ月後の八月一日には警備隊と名称変更され、海上保安庁から分離して発足した防衛庁の前身である保安庁に移管され、第二幕僚長が統率することとなった。

この間、興味深い議論が行われた。警察予備隊と海上保安庁を統合して保安省を創設するという構想であり、戦前の旧帝国陸海軍の熾烈な対立の再現を回避すべく、陸軍と海軍を一元化、さらには幕僚組織をも統合しようとの考えである。しかしながら結局はこの議論が日の目をみることはなかった。

警備隊の規模は貸与された米海軍艦艇六八隻を主体とするものへと強化された。その後も増強は続き、一九五三年末には総船舶数一二七隻、総トン数三万五〇〇〇トンとなった。これは、米海軍からの強力な対日支援要求があったことが追い風となった結果であろう。

・更なる海上自衛隊の増強

一九五三年、米国ではアイゼンハワー共和党政権が発足した。これとともに米海軍当局も対日政策を活発化させ、新日本海軍への構想が示された。これが米統合参謀本部の日本海軍強化

策となり、逐次、その具体化が図られた。ちなみに、この案は野村機関の日本海軍再建構想と酷似していた。

それ以後、第一次から第四次の防衛力整備計画および防衛計画の大綱に沿って、整備が進展してきたのは陸上自衛隊と同様である。

■航空自衛隊

陸上自衛隊が米軍主導で誕生し、海上自衛隊は旧海軍関係者主導で誕生したのに対し、航空自衛隊の誕生は、旧日本陸軍航空関係者と米空軍当局との協同合作によるものといわれる。

・発足の経緯

旧陸軍関係者の空軍研究は一九五〇年の春頃から開始された。その基本は独立空軍の創設。即ち、翼のついたものは全て空軍に集めるという考え方であった。

具体的には空軍本隊と同陸海軍協力隊による二本立て構想である。しかしながら当時、米国側には日本に空軍部隊を創設する意思はなかった。それでも、彼らは研究を続け、一九五二年五月には『空軍兵備要綱』をまとめた。これをもとに米空軍に対しての活動を積極化するとともに旧海軍航空関係者にも働きかけ、合同研究が始まった。

時を同じくして、米空軍側にも日本に航空兵力を保持させるべきという考えが生まれていた。米空軍参謀部が立案した日本空軍創設案は、米統合参謀本部で承認され、陸軍参謀部および国務省も支持したのである。これにより日本空軍の創設が本格化する。

またこれらと同じタイミングで、旧軍の他の航空関係者による『航空自衛隊建設促進に関する意見書』も提出された。折も折り、北海道ではソ連機による領空侵犯が続発しており、保安庁および経団連からも要望が提出され、各方面が独自に動いてきた空軍創設計画が一本化する兆しがみえてきた。

一九五三年、保安庁内にあった制度調査委員会に航空創設準備のための機関として「別室」が設けられ、現実的な検討が始まる。

創設に当たって問題となったのは、空軍の独立性だった。これは航空機を空に一括統合するか、あるいは陸・海・空に分属させるかの論争である。内局は統合方式であったが、米極東軍司令官の意向もあり、結果的には分属方式で決着がついた。ただし、別室は引き続き統合方式に優位性があるとする主張を続けた。

・航空自衛隊の発足

航空自衛隊発足に当たっては航空幕僚長の人選問題も難航したが、一方では航空機配属問題にも最終的な決着がつかなかった。結局、この問題は一九五四年の航空自衛隊発足から二カ月を経た八月末に長官指示という形で決着し、現在の形になった。

発足時の組織は、航空幕僚長と幕僚組織、その下に航空教育隊、長官直轄部隊、学校、補給処であったが、これは一九五六年末に改編され、航空団、訓練航空警戒群、航空教育隊などの編成となった。

*

ここまでみてきたように、陸・海・空自衛隊はそれぞれに成立過程が異なる。

陸上自衛隊は、旧陸軍関係者の目立った活動もないなか、むしろ米軍主導での創設となった。また海上自衛隊は、旧軍関係者の再建運動と米海軍の思惑が一致して組織化された。そして航空自衛隊は内局・陸・海の思惑が複雑に絡んで誕生は難航したのである。

これら陸・海・空自衛隊の創設に大きな影響を及ぼしたのが、憲法第九条であった。本書ではそこには触れないが、願わくは察せられたい。

また、各自衛隊の規模をめぐっては、吉田茂首相の慎重な姿勢が影響し、米国の要求との間には大きな格差がついた。これは軽武装、経済優先を持論とした吉田首相がその真骨頂を発揮したといえるだろう。

いずれにせよ、自衛隊創設は米極東戦略の影響を大いに受けたことは間違いない。特に、陸のみを想定した一軍方針から、陸・海・空の三軍体制への転換は、ソ連の北海道侵攻への対処を念頭に置いたものであったと考えられている。

三　自衛隊の任務・行動はどう変わってきたのか

■自衛隊の任務拡大

発足当時の自衛隊では、その任務は「自衛隊は、日本の平和と独立を守り、国の安全を保つため、直接侵略および間接侵略に対し日本を防衛することを主たる任務とし、必要に応じ、公共の秩序の維持に当るものとする」〈自衛隊法〈昭和二九年六月九日法律第一六五号による制定時〉第三条〉とされていた。

ただし、警察予備隊が保安隊に改編され、さらに自衛隊へと変遷・充実化しても、創設当初からの〝あくまでも軍隊とは一線を画した「警察力を補う＝警察の任務の範囲に限られる」という性格〟が色濃く残っていた。しかし、自衛隊についての認識が次第に実態に即したものとなるに従って秩序維持は副次的目的とされた。段階的に、警察目的という性格が希薄となり、逆に国防目的という本来の性格が強調されてきたのである。

現行法においては、自衛隊の任務は次のように規定されている。

●自衛隊法第三条

一　自衛隊は、日本の平和と独立を守り、国の安全を保つため、直接侵略および間接侵略に対し日本を防衛することを主たる任務とし、必要に応じ、公共の秩序の維持に当たるものとする。

二　自衛隊は、前項に規定するもののほか、同項の主たる任務の遂行に支障を生じない限度において、かつ、武力による威嚇または武力の行使に当たらない範囲において、次に掲げる活動であって、別に法律で定めるところにより自衛隊が実施することとされるものを行うことを任務とする。

一　日本周辺の地域における日本の平和および安全に重要な影響を与える事態に対応して行う日本の平和および安全の確保に資する活動

二　国連を中心とした国際平和のための取組みへの寄与その他の国際協力の推進を通じて日本を含む国際社会の平和および安全の維持に資する活動

多少説明を加えると、この二項の一は、「周辺事態対処」と呼ばれるものであり、同じく二は「国際平和協力活動」に当たる。なお、二〇〇七年（H一九）年一月の改正で、第一項の「公共の秩序の維持任務」には在外邦人の輸送が含まれることとなった。

従来、自衛隊の任務・行動は、自国の領域内での脅威に対応するだけのものであったが、この周辺事態法により、放置すれば日本に脅威をもたらす場合にも、必要な行動をとることが出

自衛隊による国際平和協力活動

国際平和協力活動

- **国際平和協力業務**
  「国際連合平和維持活動等に対する協力に関する法律」に基づく活動
- **国際緊急援助活動**
  「国際緊急援助隊の派遣に関する法律」に基づく活動
- **イラク国家再建に向けた取組への協力**
  「イラクにおける人道復興支援活動及び安全確保支援活動の実施に関する特別措置法」に基づく活動
  (09(平成21)年2月終結)
- **国際テロ対応のための活動**
  「テロ対策海上阻止活動に対する補給支援活動の実施に関する特別措置法」に基づく活動
  (10(平成22)年1月終結)

凡例：［灰色］は限時法、［白色］は恒久法に基づく活動を示す。

（防衛白書平成二三年度版から転載）

来るように、任務と行動領域が拡大した。

自衛隊の行動は、自国の領域で脅威が発生した場合のみに限られる。ただしこの法律によって、放置すれば日本に脅威をもたらす場合にも必要な行動をとれることになった。

具体的には、後方地域支援、後方地域捜索救助活動、船舶検査活動などが可能となり、日本の平和と安全に重大な影響を与える武力紛争が生じる情勢に対応出来る。つまりゲリラや工作員によるテロリズムなどだけでなく、例えば朝鮮半島有事による脱北者や武装難民発生なども対象となり得る。

また、一九九二年六月一九日の、国連平和維持活動などに対する協力に関する法律（国際平和協力法、以下「ＰＫＯ協力法」）に基づく活動が「国際平和協力活動」だ。

これは、国連によるＰＫＯ活動のほか、人

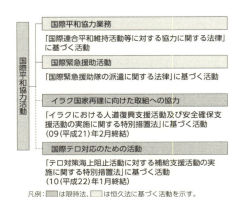

自衛隊による国際平和協力活動の内容

番号	行動名	追加・発令など
1	防衛出動	発令実績なし
2	防衛出動待機命令	発令実績なし
3	命令による治安出動	発令実績なし
4	治安出動待機命令	発令実績なし
5	治安出動下令前に行う情報収集	韓国江陵事件がトリガーとなって 2001 年追加 発令実績なし
6	海上保安庁の統制	発令実績なし
7	要請による治安出動	発令実績なし
8	海上における警備行動	能登半島沖不審船事件やソマリア沖海賊の対策部隊派遣時に発令実績あり
9	災害派遣	発令実績多数
10	領空侵犯に対する措置	発令実績多数
11	機雷等の除去	2006 年 12 月追加 発令実績多数
12	地震防災派遣	1978 年追加 発令実績なし
13	原子力災害派遣	1999 年に追加 福島第一原子力発電所事故対応の発令実績あり
14	自衛隊の施設等の警護出動	2001 年追加 発令実績なし
15	防御施設構築の措置	2003 年改正により追加 発令実績なし
16	防衛出動下令前の行動関連措置	関連法律制定に伴い 2004 年追加 発令実績なし
17	国民保護等派遣	関連法制定に伴い 2004 年追加 発令実績なし
18	弾道ミサイル等に対する破壊措置	2005 年追加 北朝鮮のミサイル発射実験時に対し、2013 年までに 4 回の発令実績あり
19	在外邦人等の輸送	2006 年追加 発令実績あり
20	後方地域支援等	2006 年追加
21	海賊対処行動	関連法制定に伴い 2009 年に追加 ソマリア沖海賊の対策部隊派遣時に発令実績あり
22	国際緊急援助活動	発令実績多数
23	国際平和協力業務	発令実績多数

道的な国際救援活動に参加するための自衛隊海外派遣などである。従来は「付随的な業務」とされていたが、国際社会の平和と安定が日本の平和と安全に密接に結びついているという認識から、二〇〇七年には日本の防衛や公共の秩序の維持と並ぶ自衛隊の本来任務に位置付けられた。

自衛隊による国際平和協力活動の内容を図示すれば前頁のとおりである。

■自衛隊の行動の拡大

自衛隊の行動は、自衛隊法第六章に「自衛隊の行動」として規定されている。

冷戦期においては、「災害派遣」「領空侵犯に対する措置」および「機雷の除去」以外の行動は自衛隊法に規定もされず、従って実施されることもなかった。しかし二一世紀に入り、米国同時多発テロ事件やソマリア沖の海賊の跋扈などの国際情勢の変化、北朝鮮の不審船事案や弾道ミサイル発射など安全保障環境の変化に対応し、自衛隊の行動は前頁の表に示すように格段に拡大されている。

一一番目以降が追加された任務である。追加・発令欄は新たに追加された年などだ。

■自衛隊が行った諸行動の実績

前表で明示したように、防衛出動、治安出動、国民保護等派遣、警護出動については現在まで派遣実績はない。また、国際緊急援助活動および国際平和協力業務についてはすでに触れたので、ここではそれ以外の概要を示す。

災害派遣に関しては、派遣回数三万七六二六回、派遣延べ人員七八七万七〇二六人。近年は年間五〇〇件以上となっている（二〇一二年度まで）。

その内容は医療施設が不足している離島などの救急患者を航空機で緊急搬送する「急患輸送」が七〇パーセント以上を占め、それに次ぐのが消火支援だ。もちろん自然災害への災害派遣も随時実施しており、東日本大震災や阪神淡路大震災時の派遣などがその代表である。また、特異な実績として、水陸両用救難飛行艇が東南東約一〇〇〇キロの洋上に進出し、遭難者を救出した事例が二件ある。

地下鉄サリン事件やナホトカ号重油流出事故、原発事故対応、雲仙普賢岳や御嶽山噴火爆発対応など、あるいは鳥インフルエンザや口蹄疫対応など、災害派遣も多様化している。また、火砕流や土石流などの二次災害の危険に直面もし、泥塗れ、油塗れにもなりながら、装備等はその限界まで駆使しつつ、自衛隊は負託に応えている。

海上における警備行動は、いわゆる不審船などへの対応がその代表だ。実際に発令されたのは、能登半島沖不審船事件（一九九九年）、漢級原子力潜水艦領海侵犯事件（二〇〇四年）、ソマリア沖の海賊対策（二〇〇九年）の三回である。

不審船事件は、一九六三年の最初の不審船公式確認以来、二〇〇三年までに二〇件二一隻が該当する。

能登半島沖不審船事件では、日本領海侵犯事件を起こして逃亡を図った不審船に対し、海保と協力する海上自衛隊に創設以来初の海上警備行動が発令された。不審船を停止させるために護衛艦とP-3Cによる武器の使用も行われた。

また、二〇〇一年一二月に発生した九州南西海域工作船事件では、海保巡視船の停戦命令を無視して逃走を図った工作船との間に威嚇射撃や銃撃戦が行われ、巡視船からの弾が工作船に命中火災を起こし、その後、自爆と思われる爆発を起こし沈没した。

二〇〇四年には、海上自衛隊に二度目となる海上警備行動が発令された。これが、漢級原子力潜水艦領海侵犯事件である。

中国海軍（人民解放軍海軍）の原子力潜水艦が日本領海の先島諸島周辺海域を潜航しながら通過中であった。中国政府が所属潜水艦による日本領海侵犯を認めないなか、日本政府は国籍不明潜水艦としての海上警備行動を発令。当初から領海侵犯を把握していた海上自衛隊は護衛艦「くらま」「ゆうだち」および航空機「P-3C」による追跡を実施。ただし武器は使用しなかった。後日、中国政府は同潜水艦が中国海軍所属であったことを公式に認めた。

三回目の海上警備行動は二〇〇九年のソマリア沖海賊対策である。

ソマリア沖やアデン湾で頻発する海賊行為に対処するため、国連安保理決議などに基づいて、米国など多数の関係国が軍艦を派遣している。これに協力するため、日本政府も海上警備行動を発令し海上自衛隊の護衛艦二隻をソマリアに向けて出航させた。その後、同年六月一九日のいわゆる海賊対処法成立に伴い、派遣部隊は同法に従って警備行動を継続している。

ソマリア沖・アデン湾の海域は、年間約二〇〇〇隻の日本関係船舶が通行するなど、日本の生活を支える重要な海上交通路だ。ところが近年この海域では、機関銃やロケット・ランチャーなどで武装した海賊による事案が多発・急増している。当初、自衛隊は海上警備行動によって護衛艦二隻を派遣し同海域を通行する船舶の護衛を行ってきた。次いで海賊対処法の成立・施行とともに、広大な海域でのより効果的な海賊対処を行うため、派遣海賊対処行動航空隊（固定翼哨戒機二機）を現地ジブチ共和国に派遣している。これらにより、現在、海賊対処行動には総勢約六〇〇名の自衛隊員が従事することとなった。

ミサイル防衛のためには、航空総隊司令官を指揮官とするＢＭＤ統合任務部隊が編成されている。航空自衛隊のＰＡＣ‐３ミサイル部隊と海上自衛隊のイージス艦部隊が展開し、迎撃準備および破壊措置を行うのである。

これまでの発令は、二〇〇九年三月二七日、二〇一二年三月一六日、同年一二月七日、二〇一三年四月七日および二〇一四年四月五日の計五回。ただし、部隊展開と弾道ミサイルの追跡は行ったが、実際に弾道ミサイルの破壊行動にまで至ったことはない。

実際の原子力災害派遣は、二〇一一年三月一一日に発生した東北地方太平洋沖地震による福島第一原子力発電所事故が、唯一の派遣実績である。同日一九時二〇分、内閣総理大臣が原子力緊急事態宣言を発し、防衛大臣に対し原子力災害派遣を要請している。陸上自衛隊中央特殊武器防護隊や全国の化学科部隊が出動し海空自衛隊が支援した。また、救援体制強化のため、統合任務部隊（ＪＴＦ）の原子力災派部隊も編成され、その後、原子力災害派遣は除染活動なども含め一二月二六日まで続けられた。

領空侵犯に対しては主に航空自衛隊が対応し、海上自衛隊のイージス艦や陸上自衛隊の中ＳＡＭ対空ミサイル部隊も連動している。

一九五八年以降、領空侵犯は三七回あった。なかでも注目すべき事案は、一九八七年のソ連軍機によるものと、二〇一二年の中国軍機による尖閣諸島領空侵犯だ。

冷戦下のソ連軍機による領空侵犯は二〇回以上発生しているが、一九八七年のソ連軍機領空侵犯に際しては、陸・海・空の各自衛隊が創設以来最初の警告射撃（信号射撃による警告）を行った。

二〇一二年一二月一三日、海上保安庁の巡視船が尖閣諸島上空で領空侵犯した中国国家海洋局所属の航空機（Ｙ-１２）を視認。航空無線機で国外退去を要求するとともに、防衛省へ通報した。この事件は、領空侵犯した航空機に対し海上保安庁の巡視船が国外退去を促した初の

冷戦期以降の緊急発進実施回数とその内訳

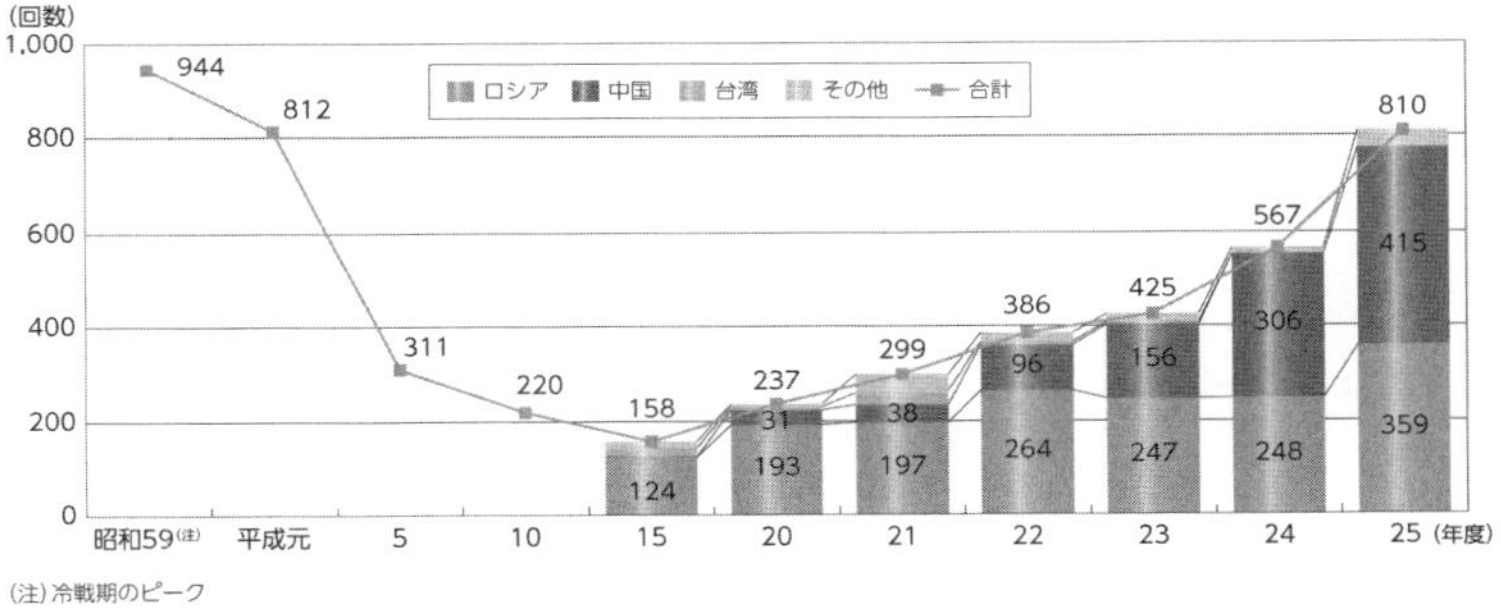

(防衛白書平成二六年度版から転載)

事例となった。

防空識別圏における識別不明機に対するスクランブルは、冷戦下では一年間に九四四回発進した例もあり、その大半はソ連軍機であった。冷戦終結後は、二〇〇回前後まで減少したが、最近急増しつつあり、その状況は次図の通りとなっている。

機雷や不発弾処理も自衛隊の重要な役割である。

第二次世界大戦中、日本周辺海域には日本海軍の触発機雷約五万五〇〇〇個、米軍による感応機雷約一万一〇〇〇個の合計約六万六〇〇〇個もの機雷が敷設されたといわれている。

終戦後の除去にもかかわらず処理しきれなかった残存機雷の除去は、海上自衛隊が引継ぎ二〇〇八年度までに約七〇〇〇個を処理した。これにより危険海域にあった約九九パーセントの機雷掃海を終了したと考えられる。

一方、陸上で発見された不発弾処理は陸上自衛隊が実施している。二〇一二年度までの処理実績は、約一三万件、約六〇〇〇トンである。


一九九一年一〇月、政府専用機の使用目的のひとつとして緊急時における在外邦人救出のための輸送が追加された。これが契機となり一九九四年一一月に「在外邦人等の輸送」が自衛隊の任務とされた。その後、二〇〇七年一月には邦人輸送任務は自衛隊の本来任務である「公共の秩序の維持」となる。

自衛隊による邦人輸送は過去二回実施されており、一度目が二〇〇四年四月の在イラク邦人の輸送（報道関係者一〇名をC-130輸送機でタリル空港からクウェートのムバラク空港まで輸送）、二度目が二〇一三年一月の在アルジェリア邦人テロ事件における被害者の輸送（現地邦人企業の邦人生存者七名と九名の遺体を政府専用機（ボーイング747）でアルジェの空港から羽田空港まで輸送）である。この任務の前提は、航空機の安全が確保されているということであり、危険が予測される場合は派遣されない。従って過去の事例では、カンボジア政変時にはタイに、イラン・イラク戦争のときはトルコに、アルバニアでの暴動に際してはドイツに邦人救出輸送を依頼したのである。

■自衛隊の行動拡大の特色と課題

かえりみれば、何らかの事態が起き、それに対処する必要が生じた場合に、その都度関連法制を制定して自衛隊に新たな任務を付与するという対応が繰り返された。いわば泥縄式の対応である。特に冷戦終結以降はその傾向が大きい。これは、国内外情勢の激変に国内法制が対応できない状況になってきたことを示している。今後も、様々な情勢変化が予想されるなか、より柔軟に対応できる体制整備が必要であることは間違いない。

現在までの自衛隊は、その任務完遂によって国際的にも国内的にも高い評価を得ている。この国内外の高い評価が自衛隊への好印象となり、自衛隊違憲論は影を潜めている。内閣府が行った二〇一四年一月の世論調査では、「自衛隊には各種の任務や仕事が与えられているが、自衛隊が存在する目的は何だと思うか」との質問に、「災害派遣」を挙げた割合が八二・九パーセント、「国の安全の確保」が七八・六パーセントと高く、以下、「国際平和協力活動への取組み」(四八・八パーセント)、「国内の治安維持」(四七・九パーセント)などの順となっている。

一方、任務・役割の増大に伴い、自衛隊の現有人員・装備には運用面での支障が出始めているとも考えられる。人口に膾炙している『自衛隊　仕事やれやれ、人減らせ』という戯れ言にも限度があり、物理的に困難な状況にまで進行してしまっては本末転倒となる。

平時における日本周辺の警戒監視活動、有事や大規模災害などに即応するための待機態勢の維持、ローテーション派遣されるＰＫＯ海賊対処活動や国際緊急援助隊としての訓練や待機態勢の維持などが、本来任務遂行のための訓練の支障となるようでは問題といえる。訓練対象の事態や様相も複雑化し、通常の訓練すら厳しい状況が生まれつつある。そのような状況への満足できる対応をいかにすべきかが、今後の課題となっている。ちなみに一九五〇年警察予備隊の創設以来、任務の遂行中に不幸にしてその職に殉じた隊員は一八五〇余名である。防衛省は、自衛隊記念日に合わせて防衛大臣主催により自衛隊殉職隊員追悼式を実施している。同追悼式は一九五七年から実施されており、例年、総理大臣が出席し追悼の辞を述べている。

四　米国関係について

安保条約に基づく日米安保体制は、日本防衛の柱のひとつである。また、安保体制を中核とする日米同盟は、日本のみならずアジア太平洋地域の平和と安定のための基本としても不可欠なものとなっている。

さらに、同盟に基づく日米間の緊密な協力関係は、全世界を対象とする安全保障上の課題に対しても重要な役割を果たしている。民主主義、法の支配、人権の尊重、資本主義経済といった基本的な価値を日米両国は共有している。それらを今後の国際社会で促進していくためにも、この同盟関係はますます重要となっている。

■日米安全保障体制の概要

日米安保体制は、旧日米安保条約の時代、安保改定・新日米安保条約の時代、旧ガイドラインの策定と日米協力の拡大の時代、冷戦の崩壊と新ガイドラインの策定の時代、と変遷し、さらに米国同時多発テロ以後の日米関係へ進展してきた歴史を持つ。

今後は集団的自衛権などの行使容認に伴う、日米防衛協力の一層の深化が期待されている段階である。

では、端的に日米安保体制の意義とは何だろうか。それは主に「日本の安全の確保」「日本周辺地域の平和と安定の確保」「より安定した安全保障環境の構築」の三点といえるだろう。

今日の国際社会では、自国の意思と力だけで国の平和と独立を確保するのは至難の業だ。もし、単独で平和と独立を確保しようとすれば、核兵器の使用を含む戦争から様々な態様の侵略事態、軍事力による示威、恫喝にまで及ぶあらゆる事態に対応可能な防衛態勢を独自で構築しなければならない。これは膨大な兵力を必要とするなど非常に困難である。また、国際社会に疑念を抱かせる危惧もあり、国家の基本的戦略として選択すべきではない。

このため、日本は、自由と民主主義という基本的な価値・理念を共有し、強大な軍事力を持つ米国との同盟関係により、その抑止力を自国の安全保障のために有効に機能させることを適切としているのである。

日米安保条約は日本への武力攻撃があった場合、日米両国が共同対処を行うことを定めている。この日本防衛義務によって、日本への武力攻撃は自衛隊に加え米国の強大な軍事力とも直接対決することとなる。これは相手国への大きな抑止力となる。

いうまでもなく、日米安保条約は安全保障分野を中核としている。ただし政治的・経済的協力関係の促進についても定めており、政治、経済、社会など、日米両国の幅広い友好協力関係の基礎ともなっているのである。

また、日米安保条約は、日本の安全および極東における平和と安全のため、米軍の日本における施設・区域の使用を認めている。米国がその軍隊を日本に駐留させるのは、これがベースなのだ。

このような日米両国の緊密な協力関係や米軍の存在は、日本周辺地域における平和と安定を確保するために重要な役割を果たしているのである。

さらに、日米安保体制を基調とする日米協力関係は日本の外交の基盤でもある。国連などの行う諸活動への協力など、国際社会の平和と安定への日本の積極的な取組みの基礎もまた日米安保条約にあるといっていい。

安定化のための努力が重視されている冷戦後の国際社会において、それぞれに大きな影響力を持つ日米両国の協力と協調が、より安定した安全保障環境を構築するためにも重要な役割を果たしているのである。

この協力と協調をより効果的に実施するため、日米間には調整システムが用意されている。日米両首脳の会談をトップに、大臣級、局長級から制服レベルに至る段階ごとにシステムが機能しているのである。日米間の緊密な調整はこれによって成り立っているといってもいいだろう。

もちろん、これらの調整システム以外にも、日米両国の協議・研究討議および情報交換は頻繁である。日米間の関係は以前とは比較出来ないほど緊密なものとなっており、日米安保体制の信頼性は飛躍的に向上しているのである。

日米安保体制は、大きく五つの要素から構成されている。即ち、①在日米軍の駐留、②日米共同訓練の実施、③日米物品役務相互提供協定、④米国との装備・技術面での協力、⑤日米防衛協力のための指針の策定と指針に基づく諸施策である。その全てが有効・適切に機能することが必要不可欠であることは当然といえる。以下、その各要素について簡単に説明を加えていく。

■在日米軍の駐留（再編関連含む）

日本に駐留する在日米軍は日米安保体制の中核的な要素であるとともに、日本およびアジア太平洋地域に深く関与するという米国の明確な意思表示でもある。

在日米軍の日本における配置図

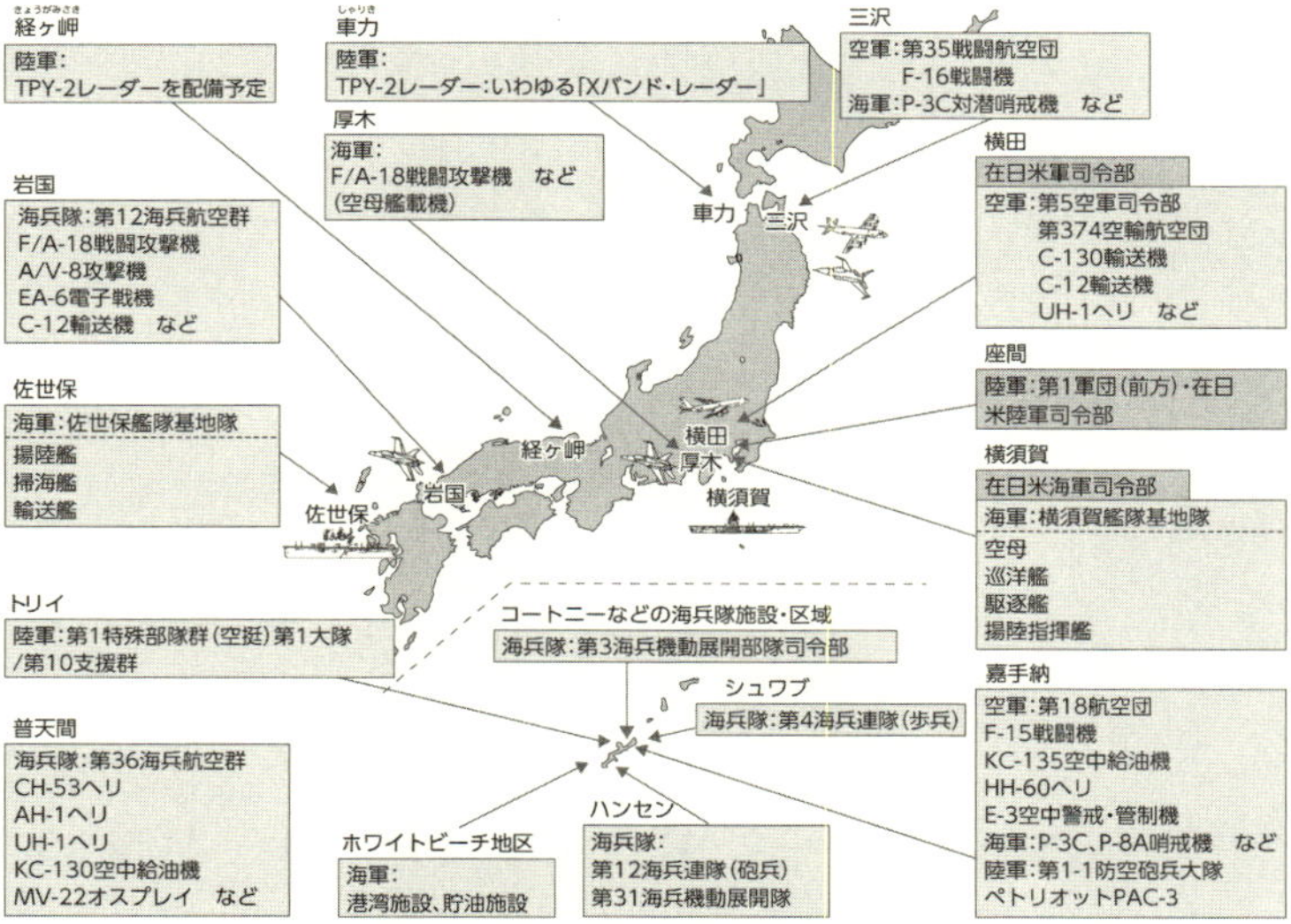
経ヶ岬《きょうがみさき》
陸軍:
TPY-2レーダーを配備予定
車力《しゃりき》
陸軍:
TPY-2レーダー:いわゆる「Xバンド・レーダー」
三沢
空軍:第35戦闘航空団
F-16戦闘機
海軍:P-3C対潜哨戒機　など
厚木
海軍:
F/A-18戦闘攻撃機　など
(空母艦載機)
横田
在日米軍司令部
空軍:第5空軍司令部
第374空輸航空団
C-130輸送機
C-12輸送機
UH-1ヘリ　など
岩国
海兵隊:第12海兵航空群
F/A-18戦闘攻撃機
A/V-8攻撃機
EA-6電子戦機
C-12輸送機　など
座間
陸軍:第1軍団(前方)・在日米陸軍司令部
佐世保
海軍:佐世保艦隊基地隊
揚陸艦
掃海艦
輸送艦
横須賀
在日米海軍司令部
海軍:横須賀艦隊基地隊
空母
巡洋艦
駆逐艦
揚陸指揮艦
車力
三沢
横田
経ヶ岬
厚木
岩国
佐世保
横須賀
トリイ
陸軍:第1特殊部隊群(空挺)第1大隊
/第10支援群
コートニーなどの海兵隊施設・区域
海兵隊:第3海兵機動展開部隊司令部
シュワブ
海兵隊:第4海兵連隊(歩兵)
嘉手納
空軍:第18航空団
F-15戦闘機
KC-135空中給油機
HH-60ヘリ
E-3空中警戒・管制機
海軍:P-3C、P-8A哨戒機　など
陸軍:第1-1防空砲兵大隊
ペトリオットPAC-3
普天間
海兵隊:第36海兵航空群
CH-53ヘリ
AH-1ヘリ
UH-1ヘリ
KC-130空中給油機
MV-22オスプレイ　など
ホワイトビーチ地区
海軍:
港湾施設、貯油施設
ハンセン
海兵隊:
第12海兵連隊(砲兵)
第31海兵機動展開隊

(防衛白書平成二六年度版から転載)

一方、日本にとっての最大の意味は抑止力だ。日本に対して武力攻撃を企図する相手国は、日本に加え米国とも直接対決する事態を覚悟せざるを得なくなるのだ。また、日米共同対処を行う事態が発生した際には、在日米軍の存在は来援する米軍部隊の受け入れ基盤としても有効である。

在日米軍には、陸・海・空・海兵隊・沿岸警備隊という合衆国五軍の全てが所属し、指揮系統は、アメリカ太平洋軍の傘下に統一されている。

在日米軍司令官は、代々、第五空軍司令官が兼務しており、その階級は空軍中将である。在日米軍司令部は横田基地に置かれ、合計で約三万七〇〇〇人の米軍人が日本に駐留している。そ の配置などは次の図版の通りである。

また、第七艦隊の東アジア太平洋地域洋上要員は、海軍と海兵隊を合わせ計一万三六一八人である。

さらに、これらとは別に、二〇〇八年三月現在五〇七八人のアメリカ人軍属が日本で勤務している。

これらの軍人と軍属の家族は四万四二八九人にのぼる。

日本は、日米安保条約に基づいて米軍に施設・区域を提供している。

このうち在日米軍施設・区域は、二〇一四年一月時点で、一三三施設・区域、一二七・一七三千平方メートルとなっている。

このうち沖縄県には、三三施設・区域の二三・七五〇千平方メートルが存在する。同県には、飛行場、演習場、後方支援施設など多くの在日米軍施設・区域が所在あり、二〇一二年一月時点では、日本における在日米軍施設・区域（専用施設）のうち、面積にして約七四パーセントが集中している。

日米地位協定に基づいて、日本は在日米軍の維持に必要とされる労務を提供している。全国の在日米軍施設・区域では二〇一二年度末現在、司令部の事務職、整備・補給施設の技術者、基地警備部隊および消防組織の要員、福利厚生施設の販売員などとして、約二万六〇〇〇人の駐留軍等労働者が勤務している。これらの従業員は日本側による雇用となっている。

近年の国際経済情勢の変動を受けて、米国は軍事関連費の削減を余儀なくされつつある。もっともこの傾向は以前から出ていたもので、米軍の駐留に係る負担が厳しくなるとともに、日本政府は一九七八年度以降一部の経費を負担してきた。在日米軍駐留経費として日本が負担してきたものは「思いやり予算」と呼ばれ、提供施設整備費、労務費、光熱水料など、訓練移転費が対象となっている。その規模は二〇一三年度予算で約一四〇〇億円となっている。

さらに、思いやり予算に加え、日本は防衛省予算として、周辺対策費、施設の借料、リロケーション、その他（漁業補償など）の経費として約一八〇〇億円を、在日米軍駐留経費負担および特別協定による負担として約一四〇〇億円を支出している。

沖縄における基地負担は国民全体で分かち合うべきであるとの考えの下に、在沖縄米軍施設・

区域の整理・統合・縮小に向けての日米間に「沖縄に関する特別行動委員会（ＳＡＣＯ）を設置して協議を行い、一九九六年最終報告を取りまとめた。そのための経費をＳＡＣＯ関係経費といい、これは沖縄県民の負担を軽減するための経費である。土地返還のための事業、訓練改善のための事業、騒音軽減のための事業、ＳＡＣＯ事業円滑化事業の経費として、二〇一三年度予算では八八億円が計上されている。

これらに加え、米軍再編関係経費がある。二〇〇六年、「二＋二」において合意された「再編実施のための日米ロードマップ」事業（詳細は後述）のうち、地元の負担軽減用のもので六五六億円となっている。

■日米共同訓練の進展

自衛隊と米軍は、戦術面などの相互理解と意思疎通を深め、相互運用性（インターオペラビリティ）を向上させることなどを目的に様々な共同訓練を実施している。

日米共同訓練には、いろいろな形態がある。その代表は、指揮官の状況判断や幕僚などの調整能力の向上を目的とする指揮所演習と演習場や訓練海・空域で実際に部隊を行動させる実動訓練である。これに加えて、機能別訓練と総合訓練がある。これらは陸・海・空の同一部隊間で行う共同訓練から、二種以上の軍種が参加して行う統合訓練までが、適宜組み合わせ実施されている。

日米共同訓練の拡大

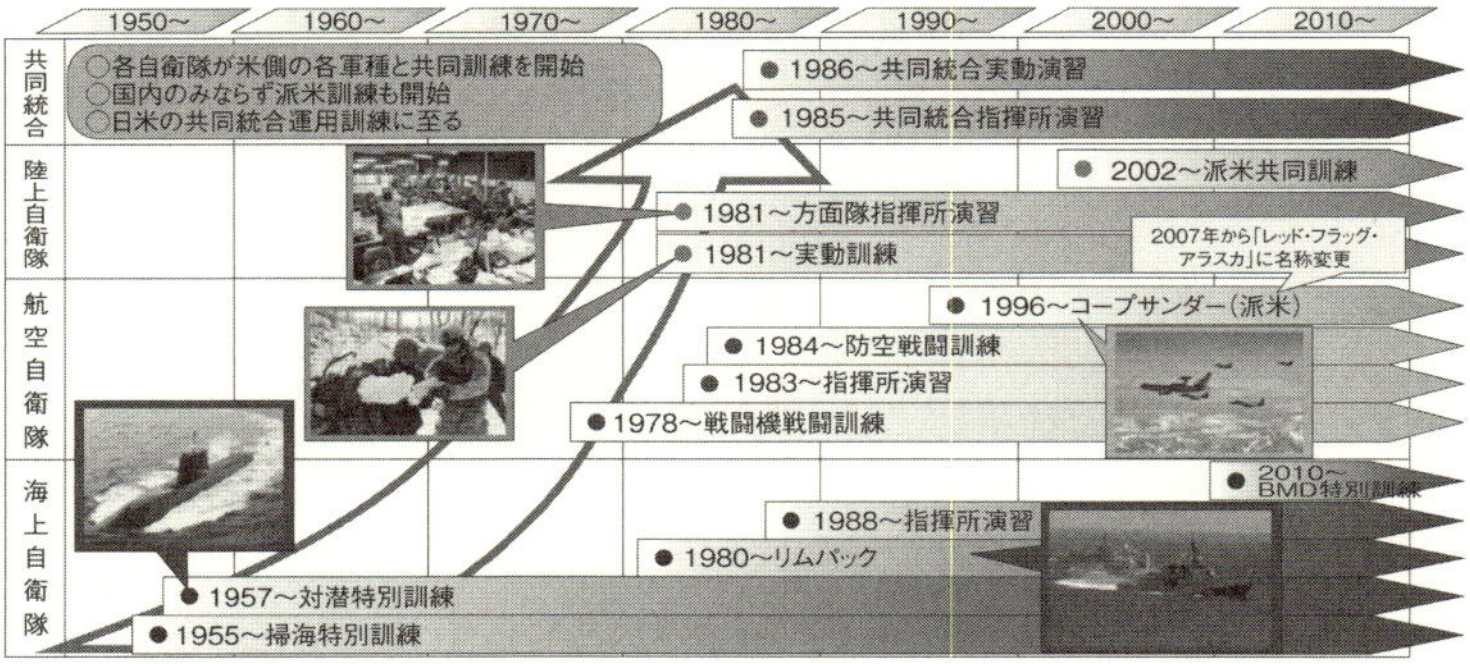

（注）1　本資料では主要な共同訓練を例示
　　　2　数字は実施年度

（防衛白書平成二四年度版から転載）

近年では、日米共同訓練もレベルが高くなり、一九八五年度以降、日米共同統合演習として交互に指揮所演習または実動演習を行うようになっている。

また、陸・海・空自は国内のみならず、米国に部隊を派遣するなどして、日米共同方面隊指揮所演習、対潜特別訓練、日米共同戦闘機戦闘訓練などの共同訓練を拡大している。さらに軍種・部隊レベルでも、相互運用性および日米の共同対処能力向上の努力が続けられている状況だ。

平素からの共同訓練は日米共同対処能力の維持・向上に役立つ。また、実戦経験豊富な米軍から習得できる知見や技術は、自衛隊の能力向上に大きく貢献するものである。日米共同訓練が逐次に拡大されてきた状況は上図のとおりとなっている。

さらに、米海軍が主催するリムパック訓練には、日本のほかにも多くの国の海軍が参加している。同訓練には韓国・中国海軍なども参加し、相互理解・信頼の向上の一助ともなっている。

■ACSA、装備・技術面の協力など

一般に軍隊は自己完結性を持っているものである。ただし、自衛隊と米軍のように同盟国の部隊がともに行動する場合など、現場で必要な物品や役務を相互に融通することが出来れば、部隊運用の柔軟性・弾力性を向上させることが出来る。

一九九六年一〇月に発効した日米物品役務相互提供協定（ＡＣＳＡ）は、共同訓練や連絡調整といった日常的な活動から、ＰＫＯはもちろんのこと災害派遣や邦人輸送、武力攻撃事態などの広範な場面で、武器提供を除く物品の提供や役務の相互提供が出来ることを定めたものである。

従来は、訓練のために来日した米軍に対してパートナーとして当然の支援すら許されず、米軍は自らバスをチャーターせざるを得なかった。また、航空機の交換部品を保有しながら、それを提供することさえ出来ずに手をこまねかざるを得ない状況があった。ＡＣＳＡにより、そのような不合理な事態が解消出来るようになったのである。

装備・技術面での日米協力については、日本は技術基盤・生産基盤の維持に留意しながら米国との装備・技術面での協力を積極的に進め、「対米武器・武器技術供与取極」を締結して武

器技術を供与している。その結果、弾道ミサイル防衛共同技術研究に関連する武器技術など二〇件の武器・武器技術の対米供与を決定した。

また、日米両国は、装備・技術面での意見交換の場である日米装備・技術定期協議（S&TF）などで協議を行い、合意プロジェクトについての共同研究開発などを行っている。日米共同研究・開発プロジェクトは継続中四件を含み、現在までに一九件が実施されている。

■日米防衛協力のための指針（ガイドライン）策定と諸施策

一九七五年八月、坂田道太防衛庁長官・シュレシンジャー国防長官会談の場で日米防衛協力のための指針（ガイドライン）の必要性が合意された。事務レベルでの検討を経て、実際の指針が発表されたのは一九七八年一一月だった。

この旧ガイドラインでは、日本有事に関する日米の役割分担を明確化する一方で、日本有事以外の極東における事態への対処は、将来の検討課題として「あらかじめ相互に研究を行う」とされた。日本単独有事を想定した共同作戦計画が作成されるとともに自衛隊と米軍との共同演習・訓練も活発化することとなった。

冷戦が終了し一九九〇年代に入り、国際情勢が変化するなか、日本の防衛力の役割についても〇七防衛大綱で新たな方向性が出てきた。その結果、一九九八年九月の日米安全保障協議委員会（SCC）で新たな指針が了承されることになる。

新たなガイドラインは、「平素から行う協力」「日本に対する武力攻撃に際しての対処行動等」「日本周辺地域における事態で日本の平和と安全に重要な影響を与える場合（周辺事態）の協力」の三つの分野について定めた。

平素から行う協力の具体的内容として、現状の日米安全保障体制を堅持し、各々が必要な防衛態勢の維持に努めることを挙げた。日本は防衛大綱に基づき、自衛のために必要な範囲内で防衛力を保持する。一方の米国はそのコミットメントを達成するため、核抑止力を保持するとともに、アジア太平洋地域での前方展開兵力を維持し、同時に来援し得るその他の兵力を保持することとしている。また、情報交換および政策協議、安全保障面での種々の協力や共同作戦計画、相互協力計画についてなど様々な分野での協力充実を定めた。

日本に対する武力攻撃への共同対処行動は、引き続き日米防衛協力の中核的要素だ。これに関しては大きな変更があった。旧「指針」の原則として日本が限定小規模侵略を独力で排除するという考え方から、日本に対する武力攻撃に際しては、日本が主体となって防勢作戦を行い、米国がこれを補完・支援することへと変わったのである。

さらに、周辺事態における日米協力内容も定められた。この「周辺事態」とは、日本周辺地域で発生する事態が日本の平和と安全に重要な影響を与える場合であり、地理的概念ではなく、事態の性質に着目したものだ。

周辺事態に関しては具体的に三種類の協力が挙げられる。

まず、日米両国政府が各々主体的に行う活動における協力（救援活動および避難民への対応措置）、捜索・救難、非戦闘員退避活動、経済制裁の実効性を確保するための活動がある。次に米軍の活動に対し、施設の使用や後方地域支援（補給、輸送、整備、衛生、警備、通信等）の日本の支援。そして、警戒・監視、機雷除去、海・空域調整といった運用面での日米協力である。

また、「指針」の実効性を確保するために各種の法制整備が行われ、措置が講じられたことはいうまでもない。

現行ガイドラインが策定されてから、すでに一五年以上が経過した。その間に、日本を取り巻く安全保障環境はさらに大きく変化している。周辺国の軍事活動の活発化、国際テロ組織などの新たな脅威の発生、海洋・宇宙・サイバー空間といった国際公共財の安定的利用に対するリスクの顕在化などがその代表である。また一方で、海賊対処活動、ＰＫＯ、国際緊急援助活動のように自衛隊の活動もグローバルな規模に拡大してきている。日米防衛協力のあり方もまた、これらに対応していかなければならないのは当然である。

そのための調整や認識共有は二〇一二年八月の日米防衛相会談以降動き出す。現在は日米間で必要な研究・議論が行われ、ガイドラインの見直しが具体的になりつつある。

■在日米軍再編について

二〇〇一年に発生した九・一一テロや大量破壊兵器の拡散など安全保障環境のさらなる変化

を踏まえ、日米両国は安全保障に関する協議を強化してきた。

この日米協議において、アジア太平洋地域の平和と安定の強化を含む日米両国間の共通戦略目標の確認（第一段階）、共通戦略目標を達成するための日米の役割・任務・能力の検討（第二段階）、兵力態勢の再編の検討（第三段階）、という三つの段階を経て日米同盟の方向性が整理されている。

この協議の過程で示された「再編実施のための日米ロードマップ」に従って、関東地区、沖縄における再編および航空機の移駐などが進められている。その概要を次の図で示す。


焦点となったのは、沖縄の普天間基地の辺野古移転である。

二〇〇九年の総選挙では県外移転を主張する民主党が政権を奪取した。ところが成立した鳩山内閣は、結果的に県外移設は不可能との結論に達し、再度辺野古への移設を政府方針とするに至る。その後、再度の政権交代で自公連立の内閣が成立、二〇一三年には安倍政権による公有水面埋め立ての申請を沖縄県の仲井真知事が正式に受理するに至る。

しかしながらその後の名護市長選では移設反対派が勝利。一方、政府は、二〇一四年七月一日に名護市のキャンプ・シュワブで辺野古移設に向けた陸上部分の工事に着手するとともに、在日米軍の再編を早期かつ着実に進めることという方針を示した。ところが一一月の県知事選挙では、辺野古埋め立てに反対の立場をとる翁長氏が仲井真氏の三選を阻み、新たな知事となる状況が発生した。状況は予断を許さない。

在日米軍などの兵力態勢の再編状況

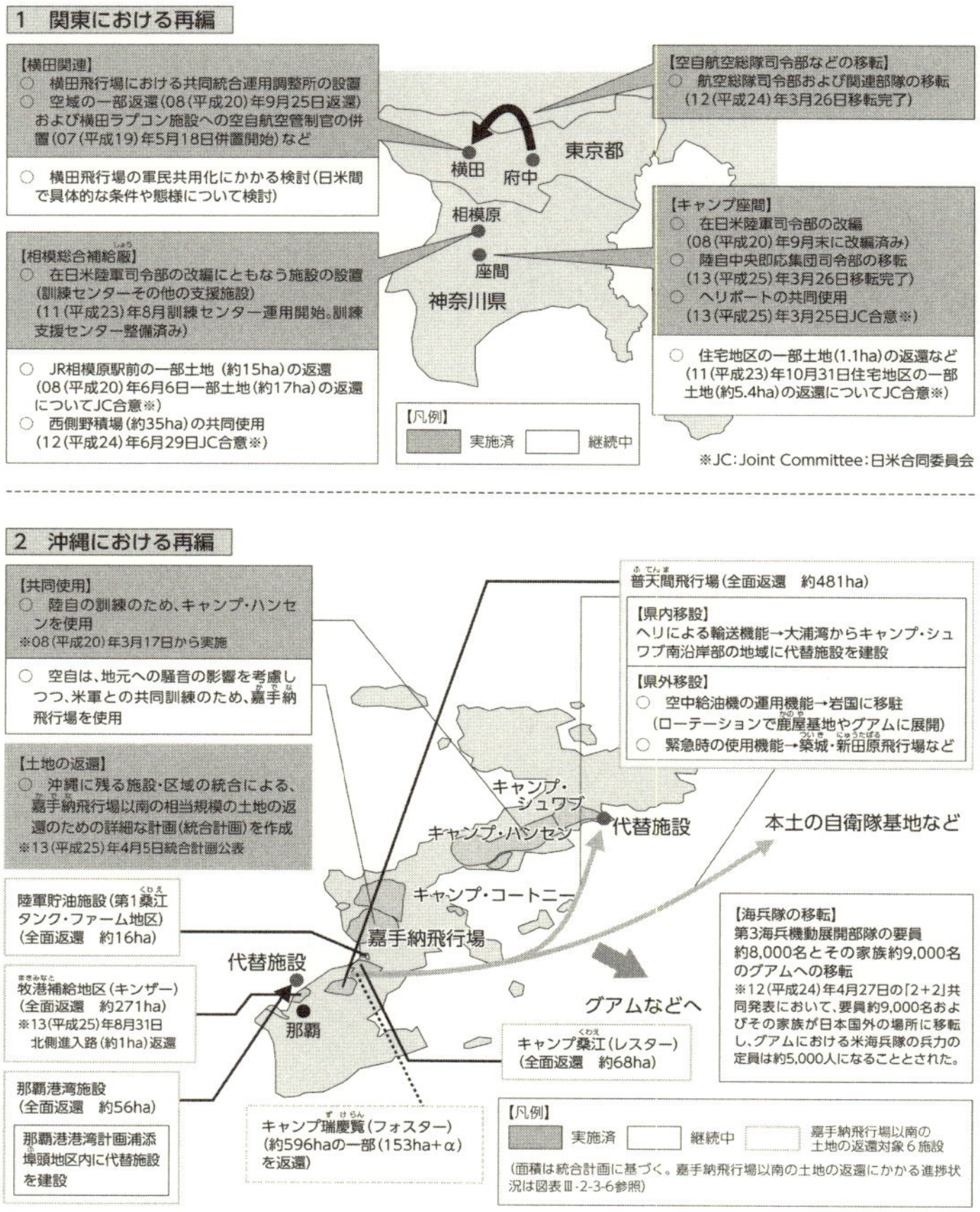

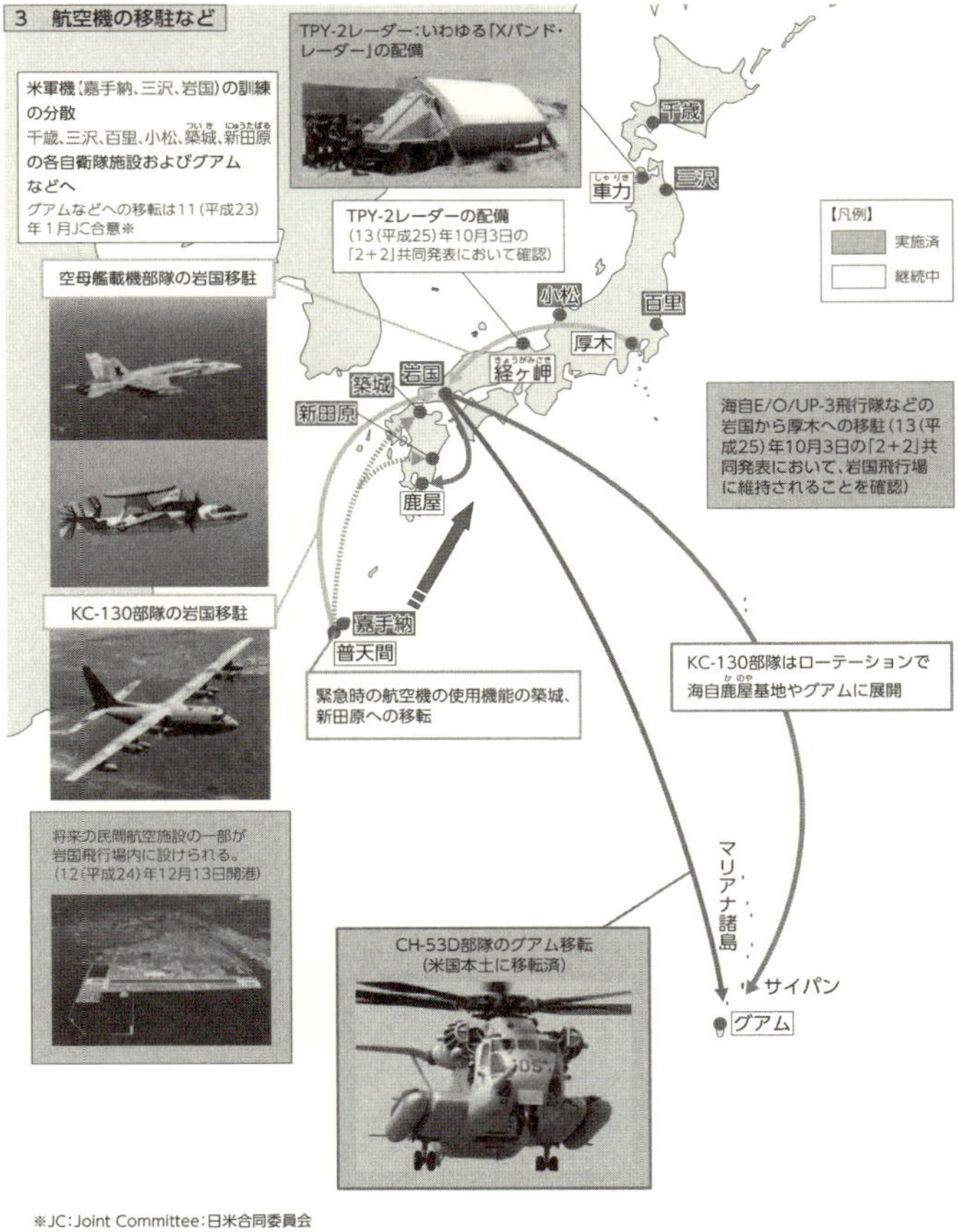

（防衛白書平成二六年度版から転載）

■国内世論の動向

内閣府が行った最新の世論調査によれば、安保条約が日本の平和と安全に役立っていると思うかどうかについては、「役立っている」が八一・二パーセント、「役立っていない」は一〇・八パーセントとなっている。これを前回の調査結果と比較してみると、「役立っている」とする者の割合が上昇し（七六・四パーセント→八一・二パーセント）、「役立っていない」とする者の割合は低下（一六・二パーセント→一〇・八パーセント）している。

在日米軍による事故や不祥事は断続的に発生継続しており、日米両政府は地位協定の運用改善などに取組んでいる。

■日米安保体制に係る問題点

現在の日米安保体制にとって、最も優先されるべきはガイドラインの見直しである。日本周辺の安全保障環境の変化および日本の集団的自衛権などに係る論議を踏まえ、より実効性ある見直しは不可欠となっている。新たな時代に対応する新たなガイドラインが定められることによって、日米安保体制がさらに強固なものとなることは間違いない。

一方で、基地問題を中心とした根強い反米感情が未だに存在するのも事実である。これに対しては地道な活動を通じて日米同盟の重要性や在日米軍の必要性をさらに周知させるほかに解決策はない。また、特に沖縄県がその地政学的な重要性故に多大の基地負担に喘いでいるとの認識に立ち、その負担軽減策にさらに積極的に取組まなければならない。それは単に物理的問題にとどまるのではなく、沖縄県民の想いを国民共通の想いとして共有することが重要だ。そのような啓蒙運動が望まれる。

日米両国は、太平洋国家、海洋国家として、あるいは自由と民主主義・法の支配という共通の価値観を共有する国家として同様の立場にある。そしてこれらの共通の価値を守るためには、現状の同盟関係の深化をより推進していく必要がある。安全保障分野に限らず、文化や経済面でもより一層の連携を深めていくべきことは誰にとっても自明の理だ。

五　国際関係

■全般的な枠組み

国際社会の安全保障上の諸課題は、ほとんどの国家にとって単独で解決することは極めて困難である。これは日本に関しても同様である。地域のみならずグローバルな安全保障課題は、

安全保障対話・防衛交流の現状

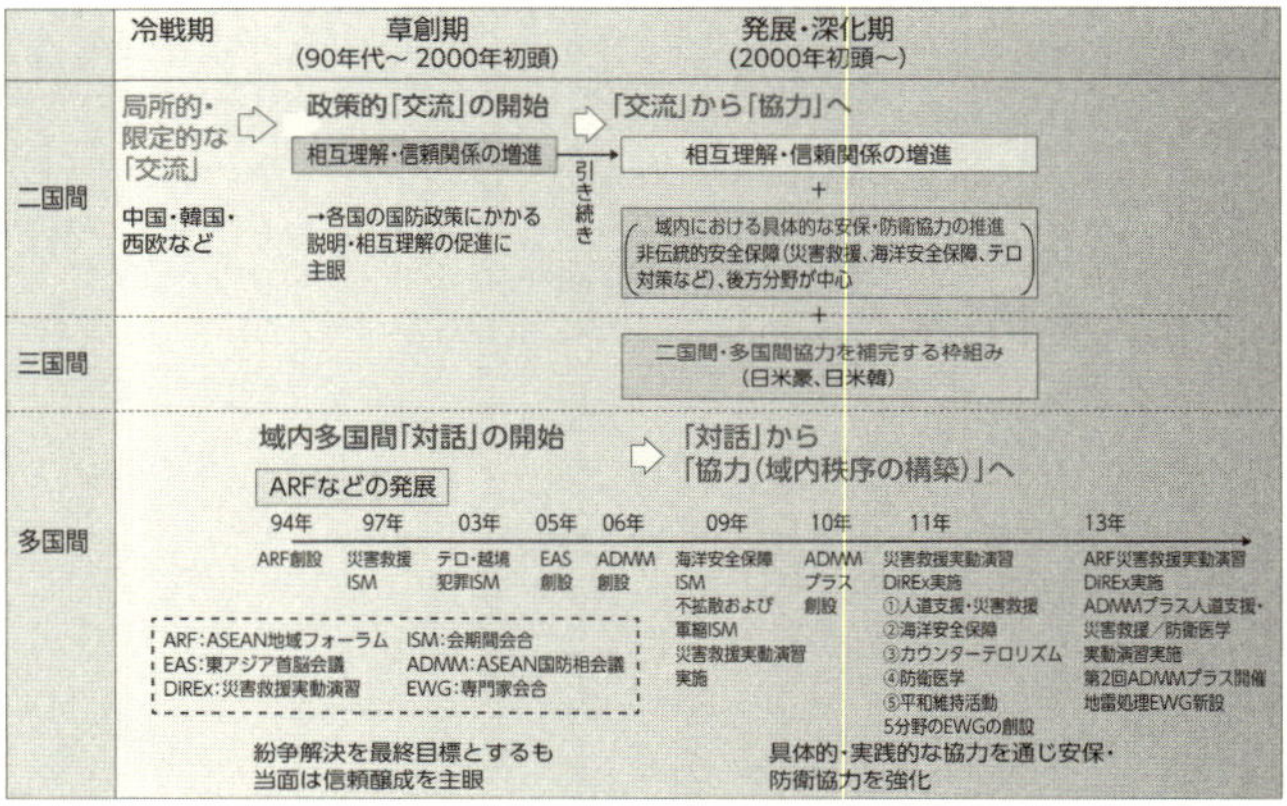

(防衛白書平成二六年度版から転載)

同盟国や友好国などと協力して取組まなければならない。

実際、二〇一三年一二月一七日に策定された国家安全保障戦略でも、パートナーとの外交・安全保障協力の強化や国際的努力への積極的寄与といったアプローチがとりあげられている。

■国際社会における多層的な安全保障協力の意義

安全保障にかかわる対話や交流は、近年、質的に深化するとともに量的にも拡大している。国家間の相互理解の促進や信頼醸成に加え、協力関係の構築・強化の動きが加速し、その対象国がグローバルな広がりをみせているのである。

さらに、アジア太平洋地域における安全

保障面は、相互信頼の醸成段階から、域内秩序の形成や共通規範の構築といった具体的な協力段階に移行しつつある。

この点に関しては、各国・地域の特性を踏まえ、安全保障協力・対話、防衛協力・交流、共同訓練、人道上の共同対処等を戦略的に行っていくことが必要である。全体的な協力感・協調感から域内秩序の形成や共通規範の構築に向けた実際的・具体的な協力を進めなければならない。日本に対する対立感や警戒感をなくすとともに、二国間・多国間の積極的な協力体制構築へと進むことが不可欠といえる。

■対話、交流から協力へ

安全保障に関する協議や防衛交流には二国間のハイレベルな防衛首脳交流、防衛当局者の定期協議や部隊間の交流・協同訓練に加え、留学生の交換や研究交流といった様々なレベルがある。また、多国間の安全保障対話、共同訓練やセミナーなども発展・深化しつつある。

■多国間安全保障枠組みや取組みの概要

現在日本が参加している代表的な多国間安全保障枠組み・対話には次頁のようなものがある。

東シナ海における中国の覇権主義的な海洋進出への対応に直面する日本が、同じく南シナ海

日本が参加する多国間安全保障

名　　称				
拡大 ASEAN 国防相会議		ASEAN ＋域外 8 ヶ国（日米中露印含む）	地域における様々な安全保障の共通の課題を協議	ハノイ共同宣言
ASEAN 地域フォーラム（ARF）		ASEAN 等 26 ヶ国、EU	外務防衛当局参加、政府間会合開催、非伝統的安全保障分野における意見交換	2009 年 ARF 災害救援実働演習
防衛省・自衛隊が主催している多国間安全保障対話	東京ディフェンス・フォーラム	地域諸国の防衛政策担当幹部対象更に EU 等	各国の防衛政策や信頼醸成措置についての意見交換等	1996 年以降毎年
	日・ASEAN 諸国防衛当局次官級会合	次官級の人脈構築を通じ二国間多国間の関係強化	地域が抱える安全保障上の課題、セミナーも実施	2009 年から毎年
その他	民間機関主催の国際会議 ・IISS アジア安全保障会議（シャングリラ会合・IISS 地域安全保障サミット等）	政府関係者、学者、ジャーナリスト等	地域の課題や防衛協力等	平成 26 年安倍首相が参加し、演説
	アジア太平洋諸国参謀長等会議	参謀総長等	地域の安全保障	
	オピニオンリーダーの招聘		安全保障関係者	

（防衛白書平成二六年度版から転載）

における中国への対応という共通の課題に直面するＡＳＥＡＮ諸国との連携を重視しているのが一目瞭然だ。

安倍首相は、前回政権を担当した二〇〇四年、シンガポールでのシャングリラ会合において日本の首相として初めて基調演説を行った。そこで覇権主義的な行動を繰り返す中国を念頭に現状変更への試みを許すべきではないとし、航行の自由や法の支配を訴えて参加各国から大きな理解を得た。

■多国間の共同訓練

アジア太平洋地域では、二〇〇〇年から、従来の戦闘を想定した訓練に加え、人道支援・災害救援、非戦闘員退避活動（ＮＥＯ）などの非伝統的安全保障分野への取組みが始まっている。このような多国間の共同訓練への主催または参加は、自衛隊の各種技量の向上に加え、関係国間の各種調整などによる相互協力の基盤作りにつながる。陸海空自衛隊は、多国間共同訓練を主催し、あるいは参加するなどと積極的に取組んでいる。その主なものには、米海軍が主催するＲＩＭＰＡＣ、潜水艦救難訓練や多国間捜索・救難訓練、米・タイ共催のコブラ・ゴールド、米・モンゴル共催の多国間共同訓練などがある。次節に述べる日豪・日印関係に関連して、近年、日・米・豪・印が参加する共同訓練を西太平洋・インド洋で行っている。

■日豪、日印のそれぞれの二国間関係の新たなステップ

日米関係に加え、他の国家との具体的な協力関係も動き出している。

その一カ国であるオーストラリアは、日本にとってアジア太平洋地域の重要なパートナーである。また同じ米国の同盟国として、安全保障分野における戦略的利益や関心をも共有している。これに伴い、日本とオーストラリアは、災害救援や人道支援活動などの非伝統的安全保障分野を中心とした相互協力・連携を強めている。

二〇〇七年三月、日豪両首脳の間で米国を除けば初めての安全保障分野の共同宣言が合意・発表された。『安全保障協力に関する日豪共同宣言』である。その後、両国関係は現在、より実際的・具体的な協力の段階へと移行している。

安倍首相は二〇一四年七月八日にオーストラリアを訪問し、同連邦議会で、日本の首相として初めての演説を行った。正式署名に達した日豪ＥＰＡ（経済連携協定）を踏まえた経済分野での強化に加え、安全保障面でも連携を強化する両国が『新たな「特別な関係」へ脱皮を遂げた」と強調したのである。『太平洋からインド洋に及ぶ海と空をオープンで自由な場として育てるため、力を合わせよう』とも訴え、日米豪三カ国による協力の深化を呼びかけた。

もうひとつの注目すべき対象はインドだ。日本と中東、アフリカを結ぶシーレーン上のほぼ中央に位置し、ほとんどの貿易を海上輸送に依存する日本にとって、インドは地政学的に極め

て重要な国である。また、民主主義、法の支配、人権の尊重、資本主義経済といった基本的な価値観を共有する両国は、アジアおよび世界の平和と安定、繁栄に共通の利益を有しており、戦略的グローバル・パートナーシップを構築している。

二〇〇一年からは日印安保対話が実施され、二〇〇八年には「日印間の安全保障協力に関する共同宣言」が発表された。

この安全保障分野での共同宣言は、米国、豪州に次いで三カ国目のものとなった。二〇一四年一月、インドを訪問した安倍首相は当時のシン首相と会談した。両首脳は安全保障や経済の分野で協力関係の強化を確認して共同声明を発表。この共同声明では、尖閣諸島（沖縄県石垣市）を含む東シナ海に防空識別圏を設定した中国を念頭に、洋上飛行や航行の自由の重要性が強調されている。

その後、インドでは今春の総選挙で人民党が圧勝し、新たにモディ首相による政権が誕生した。同首相は日印両国の更なる良好な関係が「民主主義国家と、地域の平和と安定にプラスになる」と述べ、日印関係がさらに進展するものと期待されるなか八月に来日。首脳会談では、安全保障や経済分野の連携強化で一致し、両政府間の外務・防衛閣僚協議の設置でも合意するなど、両国の共同関係はさらに深化を続けている。

自衛隊による海賊対処のための活動

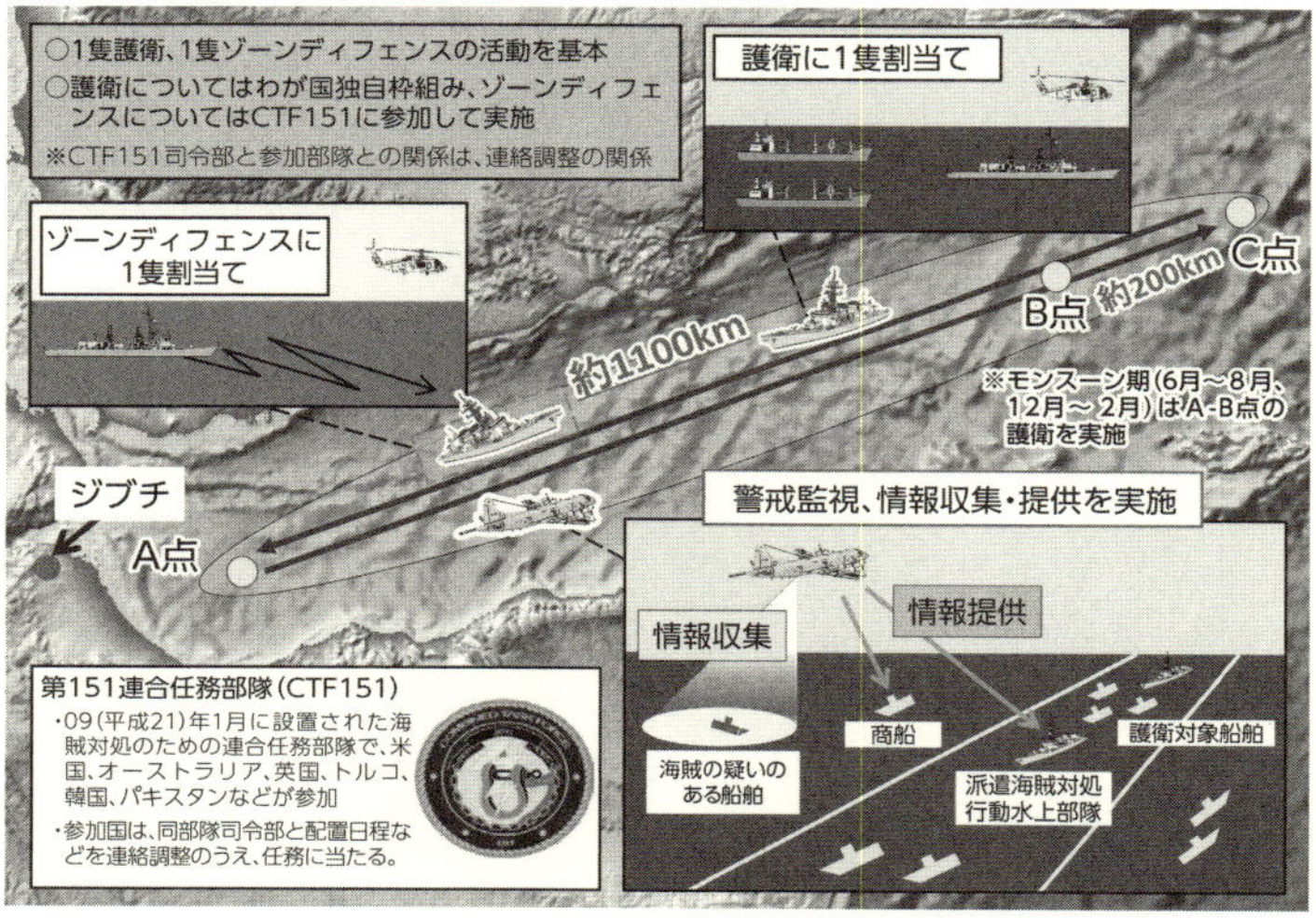
○1隻護衛、1隻ゾーンディフェンスの活動を基本
○護衛についてはわが国独自枠組み、ゾーンディフェンスについてはCTF151に参加して実施
※CTF151司令部と参加部隊との関係は、連絡調整の関係
護衛に1隻割当て
ゾーンディフェンスに1隻割当て
約1100km
約200km
A点
B点
C点
ジブチ
※モンスーン期（6月～8月、12月～2月）はA-B点の護衛を実施
警戒監視、情報収集・提供を実施
情報収集
情報提供
海賊の疑いのある船舶
商船
派遣海賊対処行動水上部隊
護衛対象船舶
第151連合任務部隊（CTF151）
・09（平成21）年1月に設置された海賊対処のための連合任務部隊で、米国、オーストラリア、英国、トルコ、韓国、パキスタンなどが参加
・参加国は、同部隊司令部と配置日程などを連絡調整のうえ、任務に当たる。

（防衛白書平成二六年度版から転載）

■海賊対処

海賊行為は、海上での公共の安全と秩序の維持に対する重大な脅威だ。特に、海洋国家である日本にとっては、国家の生存と繁栄の基盤ともなるエネルギー輸入に対する重大な脅威ともなり得る。これは国連海洋法条約でも、全ての国が最大限に可能な範囲で海賊行為の抑止に協力するとされている。

海賊行為について日本では、第一義的には警察機関である海上保安庁が対処する。ただし海保で対処できない場合や著しく困難と考えられるケースには、自衛隊が対処するという棲み分けがなされている。

ソマリア沖・アデン湾の海域対応が

国際社会の喫緊の課題である。国連も加盟各国に対し同海域の海賊行為を抑止するための行動を要請し、特に軍艦および軍用機を派遣することを求めている。

これに伴い、米国など約三〇カ国がソマリア沖・アデン湾に軍艦などを派遣してきた。また、欧州連合（ＥＵ）は海賊対処のための作戦を行い、北大西洋条約機構（ＮＡＴＯ）としての海賊対策作戦（オーシャンシールド作戦）を実施している。

日本では二〇〇九年三月、内閣総理大臣の承認を経て防衛大臣が海上警備行動を発令した。この命令を受け、護衛艦二隻が派遣され、また、同年五月には、固定翼哨戒機Ｐ‐３Ｃの派遣命令が出され、六月以降、アデン湾において警戒監視などが開始された。

その後、「海賊行為の処罰および海賊行為への対処に関する法律」（海賊対処法）が施行されて、より広範囲の海賊行為防護が可能となったことは前述の通りである。

実際の活動としては、哨戒ヘリコプターを搭載した護衛艦が護衛対象船舶群を前後で護衛し、アデン湾を二日ほどで通過する。護衛艦には海上保安官が同乗し、必要に応じて司法警察活動を可能とする体制である。その直接護衛の概要は次の通りだ。

二〇〇九年六月の任務開始以来、自衛隊の派遣は水上部隊は一八次、航空は一六次に達した。二〇一四年七月に発表されたその実績は、護衛三三四〇隻、延べ飛行時間は約八七〇〇時間に及んでいる。派遣海賊対処行動支援隊は、海自および陸自隊員により編成されている。

自衛隊による海賊対処活動は、各国首脳などからの感謝表明など、国際社会から高く評価されている。同時に護衛を受けた船舶の船長や船主などからの、感謝や引き続き護衛を依頼する旨のメッセージも多数寄せられている。

二〇一四年七月一八日午前の閣議では、この海賊対処活動に海上自衛隊の司令官要員を派遣することも決定した。自衛官が多国籍部隊で司令官を務めるのもまたは初めてのことである。

■装備移転

二〇一四（H二六）年四月一日、安倍内閣は、実質的な全面禁輸方針とされる武器輸出三原則に代わる「防衛装備移転三原則」を閣議決定した。

新原則は、国連安保理決議の違反国や紛争当事国には移転しない、平和貢献・国際協力の積極推進や日本の安全保障に資する場合に限定して移転を認め、透明性を確保しつつ厳格審査、目的外使用および第三国移転について適正管理が確保される場合に限定、という三本の柱で構成される。

これにより、慎重な審議が求められる重要案件は政府の国家安全保障会議（ＮＳＣ）で輸出の可否を判断。輸出する場合は結果を公表。それ以外の装備品の輸出件数や輸出先などの全体像も年次報告書として公表し、透明性を確保することとなる。

「防衛装備移転三原則」によって、例外措置の積み重ねによって複雑化していた武器輸出三原則を整理し、実質的な全面禁輸であったものが本来の趣旨に基づく状態に戻るのである。

現在は生産コスト縮減を目的に、武器の国際共同開発・生産が世界的な潮流となっており、今後は国内企業による国際共同開発・生産への参加が大いに期待される所以である。

＊

冷戦の終了以降、国際情勢の変化に伴い自衛隊が果たすべき役割も広がってきた。従来までの対話・交流関係が近年では質的・量的に拡大し、日本の国家戦略的な面からのアプローチとなりつつある。

海賊対処行動は国際社会のなかで名誉ある地位を占めるという憲法前文の趣旨にも合致し、日本に対する国際的理解にも大きく寄与している。

ただしこれらの活動は短期的なものではなく長期にわたることが予想されることから、今後に向け、どのような体制がより望ましいものであるかが検討されなければならない。

六　国際平和協力活動

国連を中心とした国際社会の平和と安定を求める努力に対し、日本はその国際的地位と責任

日本の国際平和協力活動

	業務内容	主要活動	根拠法規	実績	備考
国際平和協力活動	国際平和協力業務	国連平和維持活動	PKO協力法	9件（うち継続中1件）	
		人道的な国際救援活動		5件	
		国際的な選挙監視活動		選挙監視等単独10件	自衛隊からは派遣されていない
		上記のための物資協力			
	国際緊急援助活動	医療、輸送、給水等	国緊隊方（JDR法）	14件	
	イラク特措法に基づく活動		イラク特措法	1件	2009年終結
	補給支援特措法に基づく活動		テロ特措法次いで補給支援特措法	1件	2010年終結

（防衛白書平成二六年度版から転載）

に相応しい協力を行うため物心両面の協力を行ってきた。

ここでいう国際平和協力活動とは、国際的な安全保障環境を改善するために国際社会が協力して行う活動であり、二〇〇七年には日本の防衛や公共の秩序の維持任務に並ぶ、自衛隊の本来任務に位置付けられた。

現在までに、国連平和維持活動（いわゆるPKO）への協力を始めとする国際平和協力業務、海外の大規模な災害に対応する国際緊急援助活動、旧イラク特措法に基づく活動、ならびに旧テロ特措法に基づく活動および旧補給支援特措法に基づく活動を実施している。

■国際平和協力業務の概要

一九九二年六月、国連平和維持活動等に対する協力に関する法律「PKO協力法」が制定された。自衛隊はこれに基づき、同年のカンボジア暫定機構（ＵＮＴＡＣ）への陸上自衛隊派遣を皮切りに、モザンビーク、ルワンダなど、これまでに一二件のＰＫＯ派遣、五件の「人道的な国際救援活動への協力」と八件の「国際的な選挙監視活動への協力」を行ってきた。

また国際緊急援助隊法（ＪＤＲ法）に基づき、被災国や国際機関の要請に応える国際緊急援助活動も実施してきている。さらには、イラク特措法やテロ特措法、新テロ特措法に基づく人道復興支援などの活動も行ってきた。これに、先に挙げた海賊行為から付近を航行する船舶を護衛する活動が加わる。

■国際平和協力業務の本来任務化と自衛隊の国際緊急援助活動への参加

今日、国際社会の平和と安定は、日本の平和と安全に密接に結びついている。その認識の下に、二〇〇七年には、従来、自衛隊の付随的な業務とされていた国際平和協力活動が、日本の防衛や公共の秩序の維持といった任務と並ぶ本来任務に位置づけられることとなった。

また、それ以前の一九八七年に施行した「国際緊急援助隊の派遣に関する法律（国際緊急援助隊法）」により、自衛隊は被災国政府、国際機関の要請に応じた国際緊急援助活動を行ってきた。さらに同法の一部改正により、一九九二年以降は自衛隊が国際緊急援助活動や、そのための人員や機材などの輸送を行うことが可能となっている。

■派遣即応態勢の維持

国際活動の派遣ニーズに対し、迅速かつ継続的に対応することが自衛隊には求められている。二〇〇七年以降は、所要に応じ「国際活動指定方面隊」の待機要員のなかから、国際活動の本隊としての派遣要員が選抜される。

また、二〇〇八年三月には、陸自の中央即応集団隷下に中央即応連隊が新編された。派遣が決定された場合、速やかに先遣隊が派遣予定地に展開し、活動準備を行うことが出来る体制が整ったといえる。

同時に、海上自衛隊では自衛艦隊が、航空自衛隊では航空支援集団が、国際緊急援助活動を行う部隊や部隊への補給品などの輸送を実施出来る。また、海上自衛隊遠洋航海部隊、海賊対処部隊、海外での共同訓練に参加する部隊などの艦艇は、行動中周辺海域での災害救援などに即応出来る態勢を常時維持している。実際に、過去二回に渡って発動された実績がある。二〇〇四年末にはテロ特任務を終え帰投中の護衛艦三隻が家族とともに迎える正月を目前にして、タイ周辺の地震・津波対応で被災者の捜索・救助のため派遣された。二回目は、二〇一四年に行方を絶ったエアアジア八五〇便の捜索・救助のため、海賊対処活動から帰投中の護衛艦二隻が派遣されたものである。

国際平和協力活動に関しては、各自衛隊が装備品の改善、充実に務めている。

陸自においては、防弾ガラスやランフラットタイヤなどを装備した各種車両やインフラの未整備な場所でも活動を可能とするための大容量発電機、エンジン性能を強化した輸送ヘリコプターや狙撃銃、小銃などの射撃位置を探知する装備等々。海自ではヘリコプター運用を行うための搭載護衛艦や輸送艦、海外でも固定翼哨戒機を運用するための海上航空作戦指揮統制システム。空自は航空機用衛星電話などの整備輸送機用自己防御装置や航空機衝突防止装置などがこれに当たる。

さらに、教育訓練や福利厚生といったバックヤード的な対応もおろそかには出来ない。

陸自国際活動教育隊での国際平和協力活動要員の育成訓練を始め、統合幕僚学校に新設された国際平和協力センターでは国際平和協力活動に関する施策や運用にかかわる要員養成などの専門的な教育も実施する。

一方には、海外に派遣される隊員と留守家族の精神的不安緩和のための施策もある。

メールやテレビ電話などの直接連絡手段やビデオレターの交換実施や派遣隊員のみならず、留守家族までを対象とした各種メンタルヘルスケアの実施がそれに当たる。

■国連平和維持活動について

一九九〇年の湾岸戦争で多額の資金援助のみにとどまった日本に対しては、米英を中心として大きな批判が巻き起こった。

これをきっかけとして、国際協調主義の流れに沿い最終的には自公民三党の合意によって一九九二年に成立したのが先に挙げたＰＫＯ法である。その後、同法は二度にわたって改正される。

一九九八年六月の最初の改正では、国連平和維持活動と人道的な国際救援活動に、国際的な選挙監視活動を追加。また人道的な国際救援活動のための物資協力は、停戦合意が存在しない場合でも行えるようになった。さらに武器の使用の判断については、上官の命令によることとなった。

これに続いて、二〇〇一年一二月にＰＫＯ協力法附則第二条によって、自衛隊の部隊などが行う国際平和協力業務のうち、ＰＫＦ（平和維持隊）本体業務への参加が凍結されていた特例規定を廃止したほか、武器使用が可能な防衛対象を「自己または自己とともに現場に所在する他の隊員」のみならず、「自己の管理下に入った者を防衛」へと拡大された。

ＰＫＯ協力法には国連平和維持隊への参加に当たっての基本方針が示されている。これが参加五原則と呼ばれる。

その五原則の第一は、紛争当事者の間で停戦合意が成立していること。第二は紛争当事者が平和維持隊の活動と日本の参加に同意していること。第三として平和維持隊が中立的立場を厳守すること。そして、一から三までの基本方針のいずれかが不可能となったときには日本部隊が撤収出来ること。そして五原則目が武器の使用は要員の生命などの防護のために必要な最小限のものに限られること、である。

しかしながら、このうちの武器の使用に関し『要員の生命等の防護のために必要な最小限のものに限られる』は、参加実績の積み重ねとともに実態との乖離が指摘されるようになった。襲撃を受けた民間の保護のためには武器を使用出来ないのである。

このような現場の実態に即さない状況を解決するために、現在、他国の部隊が攻撃された場合、これを救助することを可能にする「駆け付け警護」の許可など、使用基準の緩和が議論されている。

今日までに実施されたPKOには次のようなものがある。

一九九六年以来、一七年間にわたって自衛隊が参加してきたゴラン高原国際平和協力業務（PKO）は、二〇一三年一月にその活動を終了した。司令部要員を含め、一次隊から三四次隊まで、延べ参加人員は約一五〇〇人であり、日本がPKOを実地的に学ぶことが出来る絶好の機会だった。

ハイチにおける大規模地震の緊急の復旧・復興・安定化のためとして、三年間にわたりハイチ国連安定化ミッション（MINUSTAH）として司令部要員、六次までの施設部隊を派遣した。延べ参加人員は約二二〇〇人であった。

東ティモールに軍事連絡要員二名を四次にわたり派遣した国連東ティモール統合ミッション（UNMIT）では、東ティモール各地における、治安情勢についての情報収集などを行った。延べ人数は八人であり、派遣期間の二〇一〇年九月～二〇一二年九月間に活動した。

現在実施中のPKOとしては、南スーダンの独立を受けて、国連安保理が決議した国連南スーダン共和国ミッション（ＵＮＭＩＳＳ）がある。

日本は、数度にわたる現地調査を踏まえて、二〇一一年一一月にＵＮＭＩＳＳに司令部要員二人（兵站幕僚および情報幕僚）を派遣、同年一二月には同じく自衛隊の施設部隊、現地支援調整所および司令部要員一人（施設幕僚）などを派遣すること決定した。二〇一二年一月以降に展開・活動が実施された。

＊

ＰＫＯは国連憲章には明確な規定がなく（六章半の活動といわれる）、国連安保理決議に基づいて弾力的に実施されているのが実情であり、その任務や委任権限は逐次変遷してきた。

実際、ＰＫＯは伝統的な停戦監視や兵力引き離しを目的とする第一世代ＰＫＯ（ゴラン高原ＰＫＯなど）、その大規模かつ複合的なミッションを行う第二世代ＰＫＯ（カンボジアＰＫＯなど）、そして平和執行型として自衛に加え武力行使を行う第三世代ＰＫＯ（旧ユーゴスラビアＰＫＯなど）の失敗を経て、開発や人道支援なども統一的な活動を行う統合ミッションタイプの第四世代ＰＫＯ（ハイチＰＫＯや南スーダンＰＫＯなど）へと変化してきた。

今後、日本も第四世代ＰＫＯに対応せざるを得なくなるだろう。自衛隊、警察および文民部門の統合的視点がより強く求められよう。

警察のＰＫＯ活動では、二〇〇三年に国連カンボジア暫定統治機構（ＵＮＴＡＣ）の文民警察官として活動中の高田晴行警部補（殉職後警視）が武装集団に殺害された事件がある。カンボジアには七五名、東ティモールには二度にわたって七名の派遣が行われているが、二〇〇八年以降、文民警察官の派遣は行われていない。種々の検討が行われてはいるが、抜本的な状況改善に至っていないことがその原因と考えられる。なお、ＵＮＴＡＣが実施したカンボジア総選挙に国連ボランティアの選挙監視要員として参加した中田厚仁氏も殺害されている。

今後、文民警察官や文民によるＰＫＯ参加についてどうあるべきなのか、どういう態勢を構築すべきなのか、教育訓練はどうするのかなどの検討が行われるべきだろう。

実は、国連や国際社会から求められることを理由にＰＫＯに参加するという考え方は決して本質的なものとはいえない。単に人道的な視点ではなく、国家戦略上からＰＫＯへの参加がいかなる価値を持つかを冷静に考察する必要がある。

その点に関していえば、ＰＫＯと政府開発援助（ＯＤＡ）との密接かつ一体的な視点が必要となってくる。

現行のＰＫＯ法や参加五原則は、憲法第九条と「武力行使」「武力行使との一体化」の文脈で議論されてきた。当然ながら、その点からの様々な制約を受ける。

具体的には、停戦合意を前提とする制約、武器使用制限により臨機応変の武力対応が実施出来ない不合理、「任務遂行のための武器の使用」が認められない不合理、日本が活動出来る分野が極めて限定的であるという制約など枚挙にいとまない。早急な改善が望まれる。

特別措置法の制定による自衛隊派遣には限界があることは明らかだ。これに対し、今日、政府・

与党内で自衛隊海外派遣に関する恒久法を制定する案が浮上していると報道されている。安倍首相も参院の集中審議で、自衛隊の国際平和協力活動の関連法整備について包括的な恒久法を制定すれば、事態に応じて特措法を整備する必要がなくなり、迅速で機動的な自衛隊派遣が可能となる。安倍政権の「積極的平和主義」を具体化するため、恒久法の制定は有力な選択肢となることは明らかである。

■国際緊急援助活動への参加

すでに指摘したとおり、国際緊急援助隊法が一九九二年に一部改正され、自衛隊は国際緊急援助活動や、そのための人員や機材などの輸送を行うことが可能となった。

その後、実際に自衛隊は、一九九八年のホンジュラスハリケーン災害救援を皮切りに、トルコ北西部地震の物資輸送、インド地震災害救援、イラン南東部地震災害救援および物資輸送、インドネシアスマトラ島沖大規模地震等災害救援、ロシア潜水艇事故緊急援助、パキスタンなど大地震災害救援、インドネシアジャワ島中部地震災害救援、ハイチ大地震災害救援、パキスタン大洪水災害救援、およびニュージーランド地震災害救援活動などに参加している。

なかでもアジア諸国の地震、津波、洪水被害への救援は活動の半数を占めた。この地域は今後とも災害の頻発が予測されるとともに日本の国家戦略上の重視すべき地域でもあることから、よりよき国際緊急援助活動が求められる。

二〇一三年一一月、台風三〇号により深刻な被害を受けたフィリピンからの要請に対しては、医療支援を目的とした国際緊急援助隊が派遣された。さらにフィリピン国際緊急援助統合任務部隊（指揮官自衛艦隊司令官）人員約一一七〇名も編成・派遣された。

また二〇一四年三月八日のマレーシア航空墜落事件への協力もある。クアラルンプール発、北京行のマレーシア航空三七〇便が、乗員一二人と乗客二二七人搭乗のまま消息不明となった。三月一〇日、マレーシア政府から同機の消息不明事案について支援要請があったことを受け、自衛隊はC‐130とP‐3Cを派遣した。しかしながら、捜索対象を拡大して捜索したものの発見に至らなかった。

今日までの自衛隊派遣は各方面から大きな評価を得た。しかしながらその一方で幾つかの問題点も明らかになっている。

具体的には迅速な派遣、輸送手段、武器携帯の可否などが大きな課題である。

例えば二〇一〇年一月のハイチ地震では首都を直下型地震が襲った。現地の行政機能が麻痺し、公式にハイチ政府が緊急援助を要請することは困難であった。こうした状況下、米国、中国、欧州各国などが救助チームを派遣するなか、日本政府は救助チーム派遣を決定出来なかったのである。

また、迅速な被災地入りで最も問題となるのが輸送手段の確保だ。現在開発中のXC‐2は、現行の機体と比較して、積載重量、航続距離ともに二倍以上となっておりPKOや国際緊急援助活動において大いに威力を発揮すると考えられる。

国際緊急援助隊の隊員は現地で武器を携行しないことが基本だ。これは治安が悪い状況での派遣を前提としていないことが前提となっているからである。

しかしながら、ハイチ地震に際しての現地の治安状況が懸念され、また二〇一〇年夏のパキスタン中部の洪水当時も現地の治安状況が不透明でテロ発生の可能性も懸念された。

国際緊急援助では、対外関係なども踏まえて治安状況が不透明な地域へも派遣を実施すべき場合もある。先の事例を受け、国会における議論のなかでは国際平和協力法に基づくＰＫＯ協力活動や人道救援活動と同様に、状況に応じて隊員が武器を携行し、使用することを認めるべきとの主張も行われるようになってきているのである。

自衛隊が行った国際緊急援助活動では、当該国の被災者に対する自衛隊派遣部隊の真摯で献身的な救援活動に対して、当該国の政府・被災者からのみならず、広く国民一般からも感謝が寄せられており、日本および日本国民に対する信頼感の増大に寄与している。東日本大震災において、苦しい経済状況にもかかわらず支援を申し出る国が多かったことも、相互信頼感が緊急援助活動を通じて確実に強くなっている証左である。

第二章・転機をむかえる争点

一　集団的自衛権について

集団的自衛権とは何だろうか？

しごく身近な例に例えれば、隣家が火事になっており、そのまま放置すれば自宅まで類焼する可能性がある場合に、その消火活動に協力することである。結果的に、隣家はもちろん自宅をも火災から救うこととすれば分かりやすい。たとえ、幾分かの被害を受けたとしても、焼失を最小限に防ぐことが可能となるだろう。

本章では、第一章でまとめた自衛隊のこれまでの変遷のなかで「集団的自衛権」がどう捉えられ、今後どう変わっていくのか考えてみよう。

■協議開始

・第一次安倍内閣における論議

第一次安倍内閣（二〇〇六年九月二六日～二〇〇七年八月二七日）では数度にわたって集団的自衛権に関しての論議が行われた。多少長文とはなるが、その内容を二〇一四年五月一五日の『安全保障の法的基盤の再構築に関する懇談会（安保法制懇）報告書』から引用する。

『二〇〇七年五月、安倍晋三内閣総理大臣は、「安全保障の法的基盤の再構築に関する懇談会」を設置した。これまで、政府は、我が国は国連憲章第五一条及び安保条約に明確に規定されている集団的自衛権を権利として有しているにもかかわらず、行使することはできないなどとしてきた。安倍総理が当時の懇談会に対し提示した「四つの類型」は、特に憲法解釈上大きな制約が存在し、適切な対応ができなければ、我が国の安全の維持、日米同盟の信頼性、国際の平和と安定のための我が国の積極的な貢献を阻害し得るようなものであり、我が国を取り巻く安全保障環境の変化を踏まえ、従来の政府の憲法解釈が引き続き適切か否かを検討し、我が国が行使できない集団的自衛権などによって対応すべき事態が生じた場合に、我が国として効果的に対応するために採るべき措置とは何かという問題意識を投げかけるものであった。

これら「四つの類型」は、⑴公海における米艦の防護、⑵米国に向かうかもしれない弾道ミサイルの迎撃、⑶国際的な平和活動における武器使用、⑷同じ国連ＰＫＯ等に参加している他国の活動に対する後方支援についてであった。

これを受け、当時の懇談会では、我が国を巡る安全保障環境の下において、このような事態に有効に対処するためには我が国は何をなすべきか、これまでの政府の憲法解釈を含む法解釈でかかる政策が実行できるか否か、いかなる制約があるか、またその法的問題を解決して我が国の安全を確保するにはいかなる方策があり得るか等について真摯に議論を行い、二〇〇八年六月に報告書を提出した。

報告書では、「四つの類型」に関する具体的な問題を取り上げ、これまでの政府の解釈をそのまま踏襲することでは、今日の安全保障環境の下で生起する重要な問題に適切に対処することは困難となってきており、自衛隊法等の現行法上認められている個別的自衛権や警察権の行使等では対処し得ない場合があり、集団的自衛権の行使及び集団安全保障措置への参加を認めるよう、憲法解釈を変更すべきであるなどの結論に至った。

具体的には、四類型の各問題について以下のように提言を行った。

①公海における米艦の防護については、日米が共同で活動している際に米艦に危険が及んだ場合これを防護し得るようにすることは、同盟国相互の信頼関係の維持・強化のために不可欠である。個別的自衛権及び自己の防護や自衛隊法第九五条に基づく武器等の防護により反射的効果として米艦の防護が可能であるというこれまでの憲法解釈及び現行法の規定では、自衛隊は極めて例外的な場合にしか米艦を防護できず、また、対艦ミサイル攻撃の現実にも対処することができない。よって、このような場合に備えて、集団的自衛権の行使を認めておく必要がある。

②米国に向かうかもしれない弾道ミサイルの迎撃についても、従来の自衛権概念や国内手続を前提としていては十分に実効的な対応ができない。米国に向かう弾道ミサイルを我が国が撃ち落とす能力を有するにもかかわらず撃ち落とさないことは、我が国の安全保障の基盤たる日米同盟を根幹から揺るがすことになるので、絶対に避けなければならない。この問題は、個別的自衛権や警察権によって対応するという従来の考え方では解決し得ない。よって、この場

合も集団的自衛権の行使によらざるを得ない。
③国連（国連）平和維持活動（ＰＫＯ）等の国際的な平和活動への参加は、憲法第九条で禁止されないと整理すべきであり、自己防護に加えて、同じ活動に参加している他国の部隊や要員への駆け付け警護及び任務遂行のための武器使用を認めることとすべきである。
④同じ国連ＰＫＯ等に参加している他国の活動に対する後方支援については、これまでの「武力の行使との一体化論」をやめ、政策的妥当性の問題として検討すべきである。
以上の提言には、我が国による集団的自衛権の行使及び国連の集団安全保障措置への参加を認めるよう、憲法解釈を変更することが含まれていたが、これらの解釈の変更は、政府が適切な形で新しい解釈を明らかにすることによって可能であり、憲法改正を必要とするものではないとした。』

ここでとりあげられている集団的自衛権四類型のイメージは、次頁の図の通りである。

●安倍首相の退陣と第一次安保法制懇の提言の棚上げ

第一次安倍内閣時の二〇〇七年に首相の私的諮問機関として発足した「安保法制懇」は、安倍首相退陣後の二〇〇八年に報告書をまとめた。しかしこれは、すでに九月に安倍首相が退陣していたため、後継首班たる福田康夫首相への提言であった。ところが解釈変更に消極的な福

集団的自衛権四類型のイメージ

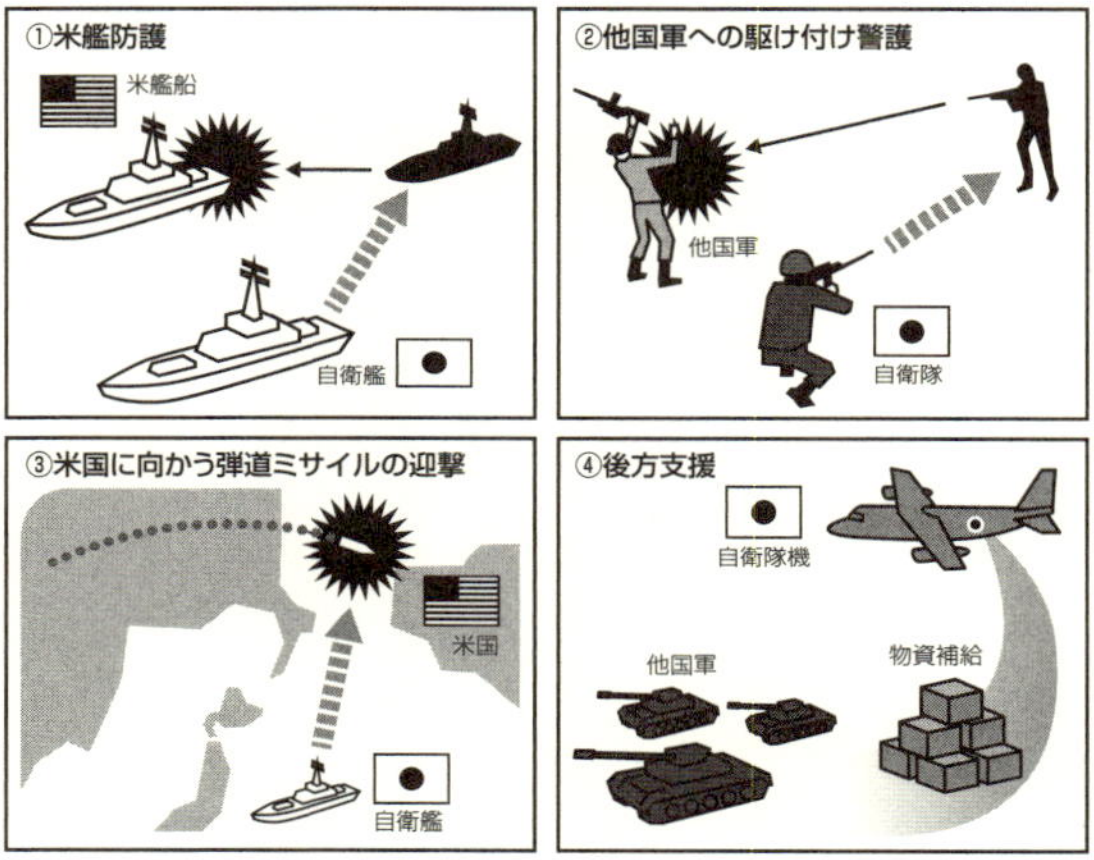

田首相の下で報告書の提言は棚晒しとなり、その後の歴代政権でもとりあげられることはなく、政府における集団的自衛権見直しの機運は一気にしぼんでしまった。

・安全保障環境の激変

しかしながら、日本を取り巻く安全保障環境は、この報告書提出以降わずか数年の間にさらに大きく変化してしまう。その状況を二〇一四年の新報告書は六点にまとめている。それを要約すれば以下のようになる。

①技術の進歩と脅威やリスクの性質の変化

今日では、技術の進歩やグローバリゼーションの進展により、大量破壊兵器およびその運搬手段は拡散・高度化・小型化しており、また、国境を越える脅威が増大し、国際テロの広がりが懸念されている。

例えば北朝鮮に関していうなら、同国はすでに日本全土を射程距離に覆う弾道ミサイルを配備し、米国に到達する弾道ミサイルまでを開発中である。また国際社会の反対するなか三度の核実験を実施しており、核弾頭の小型化に努めているほか、生物・化学兵器をも保有しているとみられる。

また、一般的には様々な主体によるサイバー攻撃が社会全体にとって大きな脅威・リスクとなっている。その対象は国家、企業、個人を超えて重層化・融合化が進み、国際社会の一致した迅速な対応が求められる状態が生じている。即ち、世界のどの地域で発生する事象であっても、直ちに日本の平和と安全に影響を及ぼし得るのが今日の状態だ。従って、従来のように国境の内側と外側を明確に区別することは難しくなっている。

さらに宇宙についても、その利用は民生・軍事双方に広がっている。その安定的利用を図るためには、平素からの監視とルール設定を含め、米国との協力を始めとする国際協力の一層の強化が求められている。

②国家間のパワーバランスの変化

このパワーバランスの変化の担い手は、中国、インド、冷戦後復活したロシアなど国力が増大している国である。これらの諸国はいまや国際政治の力学にも大きな影響を与える存在となった。

特にアジア太平洋地域においては緊張が高まっており、領土などをめぐる不安定要素も存在する。なかでも明らかなのが、中国の影響力増大である。公表された同国国防費の名目規模は、過去一〇年間で約四倍、過去二六年間では約四〇倍に膨れあがった。この国防費の高い伸びを背景に、中国は近代的戦闘機や新型弾道ミサイルを含む最新兵器の導入とその量的拡大が顕著である。その国防費に関しては引き続き不透明な部分も多いが、二〇一四年度の公式発表予算額でさえ一二兆円以上となっている。これは日本の三倍近くに達する巨額の規模である。この傾向が続けば、必然的にさらに強大な中国軍が出現することとなる。また、この軍事力を背景として領有権に関する独自の主張に基づく、力による一方的な現状変更の試みも現れている。以上のような状況を踏まえれば、これに伴ったリスクの増大がみられ、地域の平和と安定を確保するために、日本はより大きな役割を果たすことが必要となっている。

③日米関係の深化と拡大

一九九〇年代以降は、特に弾道ミサイルや国際テロを始めとした多様な事態に対処するための運用面での日米協力が一層重要になってきた。これまでの安全保障・防衛協力関係は大幅に拡大していることは間違いない。

装備や情報を含めた様々なリソースの共有の進展、「日米防衛協力のための指針（ガイドライン）」の見直し合意、日米間の具体的な防衛協力における役割分担を含めた安全保障・防衛協力の強化など、安全保障の全ての面での日米同盟の強化が不可欠である。さらにこれに加え、地域の平和と安定を確保するために重要な役割を果たす、アジア太平洋地域内外のパートナーとの信頼・協力関係も必要となってきている。

④地域における多国間安全保障協力などの枠組み変化

一九六七年に設立された東南アジア諸国連合（ＡＳＥＡＮ）に加え、冷戦の終結や共通の安全保障課題の拡大に伴って、アジア地域では経済分野におけるアジア太平洋経済協力（ＡＰＥＣ、一九八九年～）や外交分野におけるＡＳＥＡＮ地域フォーラム（ＡＲＦ、一九九四年～）が次々と誕生した。さらにその傾向は伸張し、東アジア首脳会議（ＥＡＳ、二〇〇五年）の成立・拡大や拡大ＡＳＥＡＮ国防相会議（ＡＤＭＭプラス、二〇一〇年）の創設など、政治・安全保障・防衛分野においても様々な協力の枠組みが重層的に発展してきている。

このような趨勢にも日本は対応してきた。そこに求められるのは、より積極的に各種協力活動に幅広く参加し、指導的な役割を果たすことが出来るような制度的・財政的・人的基盤を整備することである。

⑤国際社会全体が対応しなければならないような深刻な事案発生の増加（アフガニスタンやイラクの復興支援、南スーダンの国作り、シーレーンを脅かすアデン湾の海賊対処など）

特に、日本が今後力を入れるべき国連ＰＫＯについても、現在は転換期にあるといえる。国連マンデート（国連に委任された権限による活動）も停戦監視や紛争当事者の引き離しなどを目的とした伝統的活動から、武装解除の実施や人道支援活動の護衛などのより多様な任務を付与する方向にある。つまり、近年、軍事力が求められる運用場面がより多様化して、復興支援、人道支援、海賊対処などに広がっている。それにより世界のどの地域で発生する事象であっても、より迅速かつ切れ目なく総合的な視点からのアプローチが必要となっているのである。

このように国連を中心とした紛争対処、平和構築や復興支援の重要性はますます増大しており、そこに向けた国際社会の協力が一層求められている。

⑥国際社会における自衛隊の活動

自衛隊は、現在活動中の南スーダンにおける活動を含め、これまでに三三件の国際的な活動に参加し、実績を積んできた。

また二〇〇七年には国際緊急援助活動を含む国際平和協力活動が自衛隊の「本来任務」と位置付けられた。自衛隊の実績と能力は、国内外から高く評価を受け、事態対応のほかに復興支援、人道支援、教育、能力構築、計画策定などの様々な分野で、今後一層の役割を担うことが必要となってきている。

・安保法制懇の再設置

すでに述べてきたように、日本の外交・安全保障・防衛をめぐる状況は大きく変化している。なかでも最近の戦略環境の変化は、その規模と速度において過去と比べても著しく顕著となっており、予測が困難な事態も増加している。

従来、少なからぬ分野において、いわば事態の発生に応じて、日本は憲法解釈の整理や新たな個別政策の展開を逐次図ってきた。しかしながら、今般の変化の規模と速度を考慮すれば、日本の平和と安全を維持し、地域および国際社会の平和と安定を実現していくうえでは、従来の憲法解釈ではもはや十分に対応することは出来ない。

北朝鮮におけるミサイルおよび核開発や拡散の動きは止まらず、さらに、特筆すべきは、地球的規模のパワーシフトが顕著となり、日本周辺の東シナ海や南シナ海の情勢も変化してきていることである。このようななかで、日本の防衛はもちろんのこと、国際社会における平和の維持と構築における日本の安全保障政策の在り方をより真剣に考えなくてはならない状況が生まれつつある。また、アジア太平洋地域の安定と繁栄の要である日米同盟の責任も、さらに重みを増していることは間違いない。

第二次政権を確立した安倍総理は、このような情勢の変化を踏まえて二〇一三年二月、「安保法制懇」を再開した。その際、日本の平和と安全を維持するために、日米安全保障体制の最も効果的な運用を含めて、過去四年半の変化を念頭に置き、また将来見通し得る安全保障環境の変化にも留意して、安全保障の法的基盤について再度検討するよう指示した。

懇談会は二〇〇八年報告書の四類型から離れ、新たに検討することとなった。四類型以外であっても、日本の平和と安全を維持しその存立を全うするためにとるべき具体的行動、あるべき憲法解釈の背景や内容、国内法制の在り方についても検討を行うこととなったのである。

柳井俊二元外務事務次官を座長とする一四名のメンバーは、二〇一三年二月八日の第一回会合を皮切りに、七回の安保法制懇を実施し、二〇一四年五月一五日に安倍首相に報告書を提出した。

■閣議決定へ

・与党協議の開催とその状況

「安保法制懇」から報告書の提出を受けた安倍首相は、直ちに三つの「基本的方向性」を打ち出し、与党協議会を開催することとなった。

三つの「基本的方向性」とは、第一に「限定的な集団的自衛権行使容認」を求めた安保法制懇提言については今後研究を進める。第二に与党協議の結果、憲法解釈変更が必要と判断されれば閣議決定する。そして第三が、武装集団が日本の離島に上陸する事態などの「グレーゾーン事態」への対処を強化する、であった。

高村自民党副総裁を座長とする自民党と公明党の与党協議会は、五月二〇日の第一回協議会を皮切りに精力的に会合を重ね、二〇一四年七月一日の第一一回会合で合意に達した。

五月二〇日の第二回会合において、政府は現在の憲法解釈・法制度では支障が生じると考えられる一五事例（プラス参考事例一）を提示した。グレーゾーン事態、ＰＫＯ、集団的自衛権に大別されるそれらの事例は次の通りである。

・武力攻撃に至らない「グレーゾーン事態」対処
①離島などにおける不法行為への対処
②公海上で訓練などを実施中の自衛隊が遭遇する不法行為への対処
③弾道ミサイル発射警戒時の米艦防護
・国連平和維持活動（ＰＫＯ）と集団安全保障
④侵略行為に対抗するための国際協力としての支援
⑤駆け付け警護
⑥任務遂行のための武器使用
⑦領域国の同意に基づく邦人救出
・集団的自衛権
⑧邦人輸送中の米輸送艦の防護
⑨武力攻撃を受けている米艦の防護
⑩強制的な停船検査

⑪米国に向け我が国上空を横切る弾道ミサイル迎撃
⑫弾道ミサイル発射警戒時の米艦防護
⑬米本土が武力攻撃を受け、我が国近隣で作戦を行うときの米艦防護
⑭国際的な機雷掃海活動への参加
⑮民間船舶の国際共同護衛

・新自衛権行使の要件の合意

与党協議会の座長である自民党の高村副総裁は、六月一三日、公明党の考えに沿う形で、集団的自衛権も含む自衛権の発動に関する新たな三要件を与党協議で示した。

それは、日本に対する武力攻撃が発生、または他国に対する武力攻撃が発生し、これにより日本の存立が脅かされ、国民の生命、自由および幸福追求の権利が根底から覆されるおそれがあること。その事態を排除し、国民の権利を守るために他に適当な手段がないこと。そして必要最小限度の実力行使にとどまるべきこと、であった。そして憲法第九条で認められる「武力の行使」は「この三要件に該当する場合に限られると解する」としたのだった。

これに対して公明党は『おそれ』では拡大解釈されかねないと反対し、より限定的な行使にとどめるような表現を求めた。示された修正案は二点であった。

即ち三要件中に言及される『他国』には『我が国と密接な関係にある』と付け加え、『おそれ』

は『明白な危険』といいかえた。さらに『国民の権利を守るため』を『我が国の存立を全うし、国民を守るため』としてより重大な事態を想定した表現に変更したのである。

そのうえで新三要件に基づく『武力の行使』に『自衛の措置としての』という文言を追加し、あくまでも『我が国の自衛のため』と公明党支持者に説明しやすい表現にした。

集団的自衛権を行使出来るよう、従来の自衛権発動要件を他国への武力行使に広げつつ、公明党が行使容認の根拠に据える二〇〇〇年の政府見解を引用した。そこでは『国民の生命などが根底から覆されるおそれ』と厳しい歯止めをかけることになるが、これを高村座長は「閣議決定案の核心部分に当たる」と説明した。

■閣議決定

・自公両党の合意と閣議決定

二〇一四年七月一日、自民・公明両党は、国会内で第一一回となる「安全保障の法的整備に関する与党協議会」を開催し、集団的自衛権の行使容認に向けた憲法解釈変更を含む閣議決定案について正式に合意した。これに続いて自公両党は党内手続きを経てそれぞれ同意した。

政府はこの合意を受け、七月一日午後閣議決定案を決定し、同日夕刻には安倍首相が官邸で記者会見を開いて解釈変更の意義などを説明した。

『国の存立を全うし、国民を守るための切れ目のない安全保障法制の整備について』と題する閣議決定は、Ａ４版八ページにわたる長文だが、その主要部分を以下に示しておこう。

〈閣議決定（要約）〉

我が国を取り巻く安全保障環境は根本的に変容し、安全保障上の課題に直面

政府の最も重要な責務は、我が国の平和と安全を維持し、その存立を全うするとともに、国民の命を守ることである。

我が国自身の防衛力を適切に整備、維持、運用、同盟国である米国との相互協力を強化、域内外のパートナーとの信頼及び協力関係を深めることが重要である。国際協調主義に基づく「積極的平和主義」の下、国際社会の平和と安定にこれまで以上に積極的に貢献するためには、切れ目のない対応を可能とする国内法制を整備しなければならない。

政府として、以下の基本方針に従って、国民の命と平和な暮らしを守り抜くために必要な国内法制を速やかに整備することとする。

一　武力攻撃に至らない侵害への対処

（一）純然たる平時でも有事でもない事態が生じやすく、これによりさらに重大な事態に至りかねないリスクを有している。こうした武力攻撃に至らない侵害に際し、警察機関と自衛隊を含む関係機関が基本的な役割分担を前提として、より緊密に協力し、いか

なる不法行為に対しても切れ目のない十分な対応を確保するための態勢を整備することが一層重要な課題となっている。

（二）具体的には、警察や海上保安庁などの関係機関が、それぞれの任務と権限に応じて緊密に協力して対応するとの基本方針の下、各々の対応能力を向上させ、情報共有を含む連携を強化し、具体的な対応要領の検討や整備を行い、命令発出手続を迅速化するとともに、各種の演習や訓練を充実させるなど、各般の分野における必要な取組みを一層強化することとする。

（三）手続の迅速化については、関係機関において共通の認識を確立しておくとともに、手続を経ている間に、不法行為による被害が拡大することがないよう、状況に応じた早期の下令や手続の迅速化のための方策について具体的に検討する。

（四）我が国の防衛に資する活動に現に従事する米軍部隊に対して、米軍部隊の武器等であれば、米国の要請又は同意があることを前提に、当該武器等を防護するための自衛隊法第九五条によるものと同様の極めて受動的かつ限定的な必要最小限の「武器の使用」を自衛隊が行うことができるよう、法整備をする。

二　国際社会の平和と安定への一層の貢献

（一）いわゆる後方支援と「武力の行使との一体化」

いわゆる後方支援と言われる支援活動それ自体は、「武力の行使」に当たらない活動である。一方、憲法第九条との関係で、活動の地域を「後方地域」や、いわゆる「非戦闘地域」に限定するなどの法律上の枠組みを設定し、「武力の行使との一体化」の問題が生じないようにしてきた。

従来の「後方地域」あるいはいわゆる「非戦闘地域」といった自衛隊が活動する範囲をおよそ一体化の問題が生じない地域に一律に区切る枠組みではなく、他国が「現に戦闘行為を行っている現場」ではない場所で実施する補給、輸送などの我が国の支援活動については、当該他国の「武力の行使と一体化」するものではないという認識を基本とした以下の考え方に立って、必要な支援活動を実施できるようにするための法整備を進めることとする。

・(ア) 我が国の支援対象となる他国軍隊が「現に戦闘行為を行っている現場」では、支援活動は実施しない。

・(イ) 仮に、状況変化により、我が国が支援活動を実施している場所が「現に戦闘行為を行っている現場」となる場合には、直ちにそこで実施している支援活動を休止又は中断する。

(二) 国際的な平和協力活動に伴う武器使用

我が国として、「国家又は国家に準ずる組織」が敵対するものとして登場しないことを確保した上で、国連平和維持活動などの「武力の行使」を伴わない国際的な平和協力活動におけるいわゆる「駆け付け警護」に伴う武器使用又は「任務遂行のための武器使用」のほか、領域国の同意に基づく邦人救出などの「武力の行使」を伴わない警察的な活動ができるよう、法整備を進めることとする。

これらの活動における武器使用については、警察比例の原則に類似した厳格な比例原則が働くという内在的制約がある。

三　憲法第九条の下で許容される自衛の措置

（一）憲法第九条は、その文言からすると、国際関係における「武力の行使」を一切禁じているように見えるが、憲法前文で確認している「国民の平和的生存権」や憲法第一三条が「生命、自由及び幸福追求に対する国民の権利」は国政の上で最大の尊重を必要とする旨定めている趣旨を踏まえて考えると、憲法第九条が、我が国が自国の平和と安全を維持し、その存立を全うするために必要な自衛の措置を採ることを禁じているとは到底解されない。一方、この自衛の措置は、あくまで外国の武力攻撃によって国民の生命、自由および幸福追求の権利が根底から覆されるという急迫、不正の事態に対処し、国民のこれらの権利を守るためのやむを得ない措置として初めて容認されるものであり、そのための必要最小限度の「武力の行使」は許容される。これが、憲法第九条の下で例外的に許容される「武力の行使」について、従来から政府が一貫して表明してきた見解の根幹、いわば基本的な論理であり、昭和四七年一〇月一四日に参議院決算委員会に対し政府から提出された資料「集団的自衛権と憲法との関係」に明確に示されているところである。

この基本的な論理は、憲法第九条の下では今後とも維持されなければならない。

（二）略

（三）これまで政府は、「武力の行使」が許容されるのは、我が国に対する武力攻撃が発生した場合に限られると考えてきた。しかし、我が国を取り巻く安全保障環境が根本的に変容し、変化し続けている状況を踏まえれば、今後他国に対して発生する武力攻撃であったとしても、その目的、規模、態様等によっては、我が国の存立を脅かすことも現実に起こり得る。

我が国としては、既存の国内法令による対応や当該憲法解釈の枠内で可能な法整備などあらゆる必要な対応を採ることは当然であるが、それでもなお我が国の存立を全うし、国民を守るために万全を期す必要がある。

こうした問題意識の下に、現在の安全保障環境に照らして慎重に検討した結果、我が国に対する武力攻撃が発生した場合のみならず、我が国と密接な関係にある他国に対する武力攻撃が発生し、これにより我が国の存立が脅かされ、国民の生命、自由及び幸福追求の権利が根底から覆される明白な危険がある場合において、これを排除し、我が国の存立を全うし、国民を守るために他に適当な手段がないときに、必要最小限度の実力を行使することは、従来の政府見解の基本的な論理に基づく自衛のための措置として、憲法上許容されると考えるべきであると判断するに至った。

（四）我が国による「武力の行使」が国際法を遵守して行われることは当然であるが、国際法上の根拠と憲法解釈は区別して理解する必要がある。
（五）民主的統制の確保が求められることは当然である。現行法令に規定する防衛出動に関する手続と同様、原則として事前に国会の承認を求めることを法案に明記することとする。

四　今後の国内法整備の進め方
国家安全保障会議における審議等に基づき、内閣として決定を行うこととする。こうした手続を含めて、実際に自衛隊が活動を実施できるようにするためには、根拠となる国内法が必要となる。政府として、あらゆる事態に切れ目のない対応を可能とする法案の作成作業を開始することとし、十分な検討を行い、準備ができ次第、国会に提出し、国会における御審議を頂くこととする。

閣議決定によるこの四つの基本方針は、今後、日本が現実に「積極的平和主義」を執行していくための必須要件をまとめたものである。自衛はもちろんのこと、日本がより一層の国際社会の平和と安定への貢献を進めていくためには四方針の具体的解決が求められていることは間違いない。

・法制整備と国会閉会中の審議続行

政府は、七月一日付で法整備に関する三〇人規模の法案作成チームを内閣官房の国家安全保障局の下に設置した。ただし、法案の提出時期については「一つのめどを持って作業を進めている状況ではない」と述べるにとどめた。

七月一四、一五日には衆参の予算委員会で集中審議が実施された。同一六日、民主党、日本維新の会など野党八党は国会内で国会対策委員長らの会談を開き、集団的自衛権の行使を容認した閣議決定を審議するため、衆参両院の予算委員会の閉会中審査を再び開催するよう与党側に要求することで一致した。

・各国の対応と国内世論調査

日本の集団的自衛権について、世界主要国の対応は大きく二つに分かれた。

例えば米国のヘーゲル国防長官は「強力に支持する」と述べ、年末までに行う日米防衛協力の指針の見直しに反映させることを表明した。また、英国のマイケル・ファロン国防相も閣議決定への歓迎表明を寄せた。豪州およびニュージーランドの首脳からも賛意と称賛が表明され、他の欧米諸国からの理解とともにASEAN諸国からも概して好意的な評価が寄せられた。

その一方では、中国の習近平国家主席、および韓国の朴槿恵大統領が憂慮を表明したという報道もあった。

評価と憂慮に分かれる集団的自衛権についての意識は、新聞各紙などのマスコミや世論調査結果でも同様の傾向をみせた。

特に新聞の意見は明白に二分されている。朝日、毎日および東京が反対、読売、日経および産経が賛成である。

集団的自衛権の行使を限定容認の評価についての最新の世論調査の結果は次のように分かれた。ただし、設問によって回答の傾向が大きく異なることには留意が必要である。また、閣議決定前後以前の世論調査によれば行使容認賛成が多数を占めていたケースも多く、世論調査の難しさも窺い知れる。

①NHK：七月一一～一三日
「大いに評価する」一〇パーセント、「ある程度評価する」二八パーセント、「あまり評価しない」三〇パーセント、「まったく評価しない」二六パーセント

②読売新聞：七月二、三日

③朝日新聞：七月四、五日
「評価する」三六パーセント、「評価しない」五一パーセント

④毎日新聞　六月二七、二八日
よかった三〇パーセント、よくなかった五〇パーセント

賛成三二パーセント、反対五八パーセント

⑤産経新聞／FNN：六月二八、二九日

使えるように（必要最小限含む）すべき六三・七パーセント、すべきでない三三・三パーセント

⑥日経新聞／テレビ東京：六月二七〜二九日

集団的自衛権を「使えるようにすべきだ」三四パーセント、「使えるようにすべきではない」五〇パーセント

⑦共同通信世論調査：七月一、二日

行使容認賛成三四・六パーセント、反対五四・四パーセント

●賛成と反対の主な主張内容

あるメディアがまとめた集団的自衛権行使容認への賛成および反対の主要な主張をみてみたい。

反対派の論点は、

・憲法改正の厳格な手続きが必要
・政府に許される解釈の範囲を超えた「解釈改憲」で、立憲主義に反する
・「限定容認」といっても、曖昧な要件であり歯止めが利かない

・近隣国との関係が改善されないなかでは、緊張はかえって高まる
・米軍を守るべき状況でも、個別的自衛権で対応できる
・戦後日本の「平和主義」方針からの逸脱
・海外派兵につながるおそれ
など、主に憲法九条を墨守する方向がみてとれる。
これに対して賛成派がその理由として挙げた主な内容は、
・時代の変化に即した憲法解釈の変更は妥当
・従来の見解とも一定の整合性を維持した合理的な範囲内の解釈変更
・安全保障情勢が悪化しており日米同盟の抑止力を強化するために必要
・集団的自衛権による抑止力の向上によって、武力衝突は起きにくくなる
・個別的自衛権の拡大解釈は国際法違反のおそれがある
・「積極的平和主義」の具体化には不可欠
・一国平和主義は通用しない
といった意見となった。これは世界情勢の変化への対応と、積極的に平和を追求するための意識の高さの現れと考えられるものだ。

■安保法制懇報告書および閣議決定などに関する若干の論点

・軍事的措置を伴う国連の集団安全保障措置への参加

「安保法制懇」の報告書は、国連の集団安全保障措置について、「武力の行使」（憲法第九条一項の規定）には当たらず憲法上の制約はないと提言した。

そのうえで個々の場合について、政策上、日本の参加意味などを総合的に検討・判断し、軍事力を用いる国連の集団安全保障措置の参加は、事前または事後に国会の承認を得るものとすべきとしている。

しかしながら、同報告書を受けた安倍首相は、「自衛隊が武力行使を目的として、湾岸戦争やイラク戦争での戦闘に参加するようなことは決してない」と集団安全保障での武力行使を繰り返し否定してきた。これは集団安全保障が他国への制裁であり、日本の防衛と直接関係がないためとの考えからであるといわれている。

しかしながら、武力行使を認めない集団安全保障には問題がある、との指摘も出ている。例えば、首相が集団的自衛権の必要性を説明する際にとりあげてきた中東ペルシャ湾のホルムズ海峡での機雷除去の例だ。

自衛隊が「集団的自衛権」に基づいてホルムズ海峡の機雷を取り除いていたとする。ところがその作業継続中に国連安保理が決議を出せば、事態は「集団安全保障」に変わる。現在のままでは、その時点で自衛隊は活動を中止せざるを得なくなるのである。

この例のように、将来的な問題として集団安全保障に係る理念をどのように取扱い、解釈すべきかが重要となってくる。曖昧なまま放置せず、早急に方向性を定めなければならない問題である。過去の反省から、戦後、日本の国際貢献は非軍事部門に限るという考え方が主流となっている。しかしながらその対応に変更の必要はないのか、国際平和のためには日本もさらなる貢献をすべきではないのか。そのための方策を検討する必要があるであろう。

●限定容認かフル容認か

日本における現在の政治情勢からは、限定的な容認を選択せざるを得ないことは明らかである。しかしながら、予測不可能な情勢に柔軟かつ融通性を持って対処する必要性があることは厳然たる事実だ。手枷・足枷をかけられた限定容認の状況では、事態に即応できないというケースがあり得る。

より重要なのは、日本の平和と安全をどのような方策で確保するかである。法的基盤はあくまでもその最重要課題を解決するためのものに過ぎない。いずれにせよ、それは今後の課題であり、いまは閣議決定をいかに迅速に実のあるものにするかが問題である。

・速やかな態勢整備と国民への周知努力

閣議決定により集団安全保障の方向が決定しても、そこには法的な裏付けが必要だ。さらにはそれらに対応する自衛隊の態勢整備が重要となる。

グレーゾーン対応は、運用等の改善で行うとしているが、それで本当に万全なのか疑念なしとはいえない。領域警備に係る法的必要性等についても検討する必要があるのではなかろうか。ちなみに、民主党は二〇一四年一一月一七日、武装漁民の離島への上陸など武力攻撃に至らないグレーゾーン事態に対処するため、自衛隊に領海や離島での領域警備任務を課す「領域警備法案」を衆院に提出した。ひとつの慧眼ではある。

また、マスコミ各社の世論調査をみる限りでは、今般の閣議決定が十分に理解されているとはいい難い。今後の論戦などを通じて理解を深める努力は不可欠だろう。

さらに法律上では解釈による集団的自衛権の行使容認が問題ないとしても、一般的な感覚からいえばそこには無理があるとも考えられる。国家の根幹にかかわる自衛権についての方針はより明確な形で示されるべきなのは間違いない。将来的には、全ての規範となる憲法第九条の改正をも視野においた議論が必要となってくるだろう。

二　武器輸出について

■武器輸出三原則の決定経緯と運用の実態

日本の武器輸出に関しては、一九六二年当時、「共産圏への武器輸出については、ココム※の制度に基づいて輸出の可否を判断」していた。

一九六五年八月五日の衆議院科学技術振興対策特別委員会において、通産省重工業局次長が「通産省の武器輸出の方針は、第一はココムの制限に従う。第二は国連決議に基づく武器輸出禁止国には輸出が出来ない。第三は国際紛争助長のおそれがある国に対する輸出については認めない」と答弁したのがその論拠となる。これが後の武器輸出三原則の原型である。

日本の法律には、武器の輸出を禁止した条項も法律もない。唯一、外国為替および貿易法の第六章外国貿易の四八条（輸出の許可等）に、関連した条項があるのみだ。

そこには『国際的な平和および安全の維持を妨げることとなると認められるものとして政令で定める特定の地域を仕向地とする特定の種類の貨物の輸出をしようとする者は、政令で定めるところにより、経済産業大臣の許可を受けなければならない』とある。

一九六七年当時の佐藤栄作首相は衆議院決算委員会で答弁し、次のような国・地域の場合は

※ココム（COCOM:Coordinating Commmittee for Multilateral Export Controls）
冷戦時代の1949年11月、先進資本主義国による共産圏向け輸出規制のための機関として発足した委員会。対共産圏輸出統制委員会の略称。アイスランドを除く北大西洋条約加盟国が参加し、日本は1952年に加盟した。冷戦の終結により1994年3月に廃止。

に「武器」の輸出を認めないこととした。これが本来の武器輸出三原則であり、一般には狭義に捉えられる三原則とされるものである。

その要件は、

①共産圏諸国向けの場合

②国連決議により武器等の輸出が禁止されている国向けの場合

③国際紛争の当事国またはそのおそれのある国向けの場合

に過ぎない。

佐藤首相も「武器輸出を目的には製造しないが、輸出貿易管理令の運用上差し支えない範囲においては輸出することができる」と答弁している。つまり、武器輸出そのものを禁止しているのではなかったのである。

それが変更されたのは一九七四年からの三木武夫内閣時代である。三木首相は基盤的防衛力構想の防衛計画の大綱、防衛費対GNP一パーセント枠の閣議決定などにみられる反戦・平和志向の強かった人物であり、一九七六年の衆議院予算委員会答弁で、佐藤首相の三原則に幾つかの項目を加えた。

これが、

①三原則対象地域については「武器」の輸出を認めない。

②三原則対象地域以外の地域については憲法および外国為替および外国貿易管理法の精神に則り、「武器」の輸出を慎むものとする。

③武器製造関連設備の輸出については、「武器」に準じて取り扱うものとする。
④武器輸出三原則における「武器」は次のように定義した。
・軍隊が使用するものであって直接戦闘の用に供されるもの
・本来的に、火器等を搭載し、そのもの自体が直接人の殺傷又は武力闘争の手段として物の破壊を目的として行動する護衛艦、戦闘機、戦車のようなもの
という内容である。

また一九八一年には堀田ハガネ事件が発覚する。これはニッケル鋼の専門会社である堀田ハガネが、通産省の承認を得ずに半製品の火砲砲身を韓国に輸出していた事件だった。これに対し政府は、「武器輸出について、厳正かつ慎重な態度をもつて対処すると共に制度上の改善を含め実効ある措置を講ずべきである」とする『武器輸出問題等に関する決議』が同年三月に国会で可決された。

このような経緯を経て、日本では事実上の武器全面禁輸が既成事実化されていったのである。

・例外規定適用の歴史

事実上の武器輸出の禁止は、対米武器技術の供与にも支障があることは明かである。このため安保条約の観点から、中曽根内閣当時の後藤田官房長官が一九八三年一月、アメリカ軍向けの武器技術供与を武器輸出三原則の例外とする談話を述べた。これが初の例外規定適用である。

同年一一月、『日本国とアメリカ合衆国との間の相互援助協定に基づくアメリカ合衆国に対する武器技術の供与に関する交換公文』が締結された。これは対米武器技術供与を日米相互防衛援助協定の関連規定の下で行うという基本的枠組みを定めたものだった。さらに一九八四年一一月には日米両国政府の協議機関として武器技術共同委員会（ＪＭＴＣ）が発足し、翌年一二月二七日に対米武器技術供与を実施するための細目取り決めが締結された。

こうした枠組みのもと、弾道ミサイル防衛共同技術研究に関連する武器技術など、現在まで二〇件の武器・武器技術の対米供与が行われている。

二〇〇五年には、小泉内閣の官房長官談話として、米国との弾道ミサイル防衛システムの共同開発・生産は三原則の対象外とすることが発表された。この頃から国際共同研究・開発に係る論議が行われるようになってきたのである。

ここまでみてきたように、政府は所要の都度に官房長官談話として様々な例外規定に言及してきた。

例えば、人道的な対人地雷除去活動における支援と武器輸出三原則（一九九七年一二月）、テロ特措法などに基づく人道的措置と武器輸出三原則（二〇〇一年一〇月）、イラク特措法と武器輸出三原則（二〇〇三年六月）、補給支援特措法と武器輸出三原則（二〇〇七年一〇月）などがある。

また、ほかにもその他国際平和協力業務（一九九一年）、国際緊急援助活動（一九九一年）、在外邦人の輸送（一九九八年）、ＯＤＡによるインドネシアへの巡視艇の供与（二〇〇六年）

に際しても各種例外規定が実行されつつある。

■見直しの必要性

前項でも明らかなように、武器輸出に関連してはすでに各種の支障が生じており、政府はその都度例外規定を設けて対応を続けてきた。しかしながら、その一方では武器輸出三原則そのものを見直し、根本的な解決を図ろうではないかという意見も強くなっている。

その論拠となる第一点は、日本の国際共同開発との関係についてである。

ひとつには、個々に例外化する方法では臨機応変な対応ができず、これは国際共同開発参加への障害であるという意見がある。また、日本国内の防衛産業については、日本は自衛隊装備の大半を国内開発あるいはライセンス生産品でまかなう方針をとっている。しかしながら、その結果、米国を除いて国際共同開発を行えない状況が続いている。そのため、二〇〇〇年代に入ると、米国に限定されない国際共同開発や生産環境の整備が提言された。

日本の防衛・軍需産業は三原則によって世界の兵器開発の流れから切り離されている。その弊害を考慮し、全面的な輸出禁止ではなく、国益に沿った輸出管理などの在り方を再検討すべきとする提言も出ている。

第二点は、調達価格との関係についてである。

日本の防衛産業は、三原則によって輸出が行えず結果的に生産数が少なくなり、調達価格が高くなる傾向がある。一方、冷戦後に防衛予算が見直されるなかで調達数も削減されている。その結果、中小企業のなかには生産体制を維持出来なくなり、撤退するものも現れてきた。これによって技術、生産基盤の喪失が現実化し防衛に支障をきたす可能性が問題視されているのである。

第三点は、防衛装備技術との関係である。

自衛隊の装備品には、当然ながら防衛用の銃などを取り付けるための銃座が備え付けられている。このため自衛隊の装備品は、そのほとんどが武器の扱いとなり、輸出規制に該当してしまう。つまり国外に販売して生産数を伸ばすことが出来ないばかりか、生産少量化につながる。そして絶対的な生産数の少なさは、それ自体が装備の信頼性の低さに直結するとも指摘されたのである。

■見直しの具体化

・鳩山内閣による見直し議論

二〇一〇年一月、鳩山内閣の北澤防衛大臣が東京都内で行われた日本防衛装備工業会主催の会合で注目の発言を行った。それは「そろそろ基本的な考え方を見直すこともあってしかるべきだと思う。二〇一〇年末に取りまとめられる防衛計画の大綱（新防衛大綱）において武器輸出三原則の改定を検討する」というものであり各方面で話題を呼んだ。見直しの内容として「日本でライセンス生産した米国製装備品の部品の米国への輸出」や「途上国向けに武器を売却」を挙げたのである。

同年二月一八日には、鳩山首相が主催する「新たな時代の安全保障と防衛力に関する懇談会」の初会合が首相官邸で行われた。冒頭の挨拶で首相は「防衛体制の見直しには、継続と変化の両方が必要だ。タブーのない議論をしてほしい」と述べた。さらに、懇談会では北澤防衛相が「装備産業の基盤整備をどう図るか議論してほしいとお願いした」と、武器輸出三原則の見直しを議題とするよう公式に求めたことを明らかにした。

武器輸出三原則の見直しは新防衛大綱に反映されるとされ、鳩山内閣を継いだ菅直人首相も一旦は了承した。しかしながら、最終的には国会での連携を目指す社民党の反発が障害となり、新防衛大綱への盛り込みは先送りされた。

●野田内閣での官房長官談話

菅内閣では頓挫してしまった武器輸出三原則の見直しについて、後任の野田佳彦首相は就任当初からその緩和に意欲をみせた。国際共同開発・共同生産への参加と人道目的での装備品供与を解禁するとして、二〇一一年一二月二七日、野田内閣は藤村修官房長官による談話を発表したのである。その内容は、次のようなものであった。

・平和貢献・国際協力に伴う案件は、防衛装備品の海外移転を可能とする。
・目的外使用、第三国移転がないことが担保されるなど厳格な管理を前提とする（目的外使用、第三国移転を行う場合は、日本への事前同意を義務付ける）。
・我が国と安全保障面で協力関係があり、その国との共同開発・生産が我が国の安全保障に資する場合に実施する。

このように民主党政権下でも三原則の見直しの機運は確実に高まってきたといえる。ただし、いずれの内閣も具体的な見直しに着手することは出来なかった。

• 第二次安倍内閣による見直しと防衛装備移転三原則への移行

二〇一二年一二月に第二次安倍内閣が成立するとともに、安倍首相は三原則の撤廃を含めた根本的な見直しに着手した。

二〇一三年九月二八日、小野寺防衛大臣は最先端の兵器は国際開発が主流であり、日本はその流れから取り残されているとして、武器輸出三原則を抜本的に見直す考えを示す。その考えに則り、二〇一四年三月、武器輸出三原則に代わる『防衛装備移転三原則』の原案が与党のプロジェクトチームに示され、同年四月一日には同三原則が閣議決定されたのである。

■装備移転三原則について

防衛装備移転三原則についての政府による二〇一四年四月一日の説明の要旨をまとめてみよう。

『国家安全保障戦略』に基づいて策定された『防衛装備移転三原則』の内容は以下の通りである。

●策定された装備移転三原則の内容

防衛装備移転三原則についての二〇一四年四月一日の説明は次のとおりである。

「本四月一日、政府は、昨年一二月に定められた『国家安全保障戦略』に基づき、防衛装備の海外移転に関して、武器輸出三原則等に代わる新たな原則として『防衛装備移転三原則』を策定しました。

一　防衛装備移転原則の策定趣旨

我が国を取り巻く安全保障環境が一層厳しさを増していることなどに鑑みれば、国際協調主義の観点からも、我が国によるより積極的な対応が不可欠となっています。我が国の平和と安全は我が国一国では確保できず、国際社会もまた、我が国がその国力にふさわしい形で一層積極的な役割を果たすことを期待しています。これらを踏まえ、我が国は、国際協調主義に基づく積極的平和主義の立場から、我が国の安全及びアジア太平洋地域の平和と安定を実現しつつ、国際社会の平和と安定及び繁栄の確保にこれまで以上に積極的に寄与していくこととしています。

こうした我が国が掲げる国家安全保障の基本理念を具体的政策として実現するとの観点から、防衛装備の海外移転に係るこれまでの政府の方針につき改めて検討を行い、これまでの方針が果たしてきた役割に十分配意した上で、新たな安全保障環境に適合するよう、これまでの例外化の経緯を踏まえ、包括的に整理し、明確な原則を定めることとしました。

二　防衛装備移転三原則の主な内容

我が国としては、国連憲章を遵守するとの平和国家としての基本理念及びこれまでの平和国家としての歩みを引き続き堅持しつつ、今後は防衛装備移転三原則に基づき防衛装備の海外移転の管理を行うこととします。主な内容は以下のとおりです。

（一）移転を禁止する場合の明確化（第一原則）

①当該移転が我が国の締結した条約その他の国際約束に基づく義務に違反する場合

②当該移転が国連安保理の決議に基づく義務に違反する場合、又は

③紛争当事国（武力攻撃が発生し、国際の平和及び安全を維持し又は回復するため、国連安保理がとっている措置の対象国をいう）への移転となる場合は、防衛装備の海外移転を認めないこととしました。

（二）移転を認め得る場合の限定並びに厳格審査及び情報公開（第二原則）

右記（一）以外の場合は、移転を認め得る場合を、

①平和貢献・国際協力の積極的な推進に資する場合、又は

②我が国の安全保障に資する場合等に限定し、透明性を確保しつつ、厳格審査を行うこととしました。

また、我が国の安全保障の観点から、特に慎重な検討を要する重要な案件については、国家安全保障会議において審議するものとしました。国家安全保障会議で審議された案件については、行政機関の保有する情報の公開に関する法律（平成一一年法律第四二号）を踏まえ、政府として情報の公開を図ることとしました。

（三）目的外使用及び第三国移転に係る適正管理の確保（第三原則）

上記（二）を満たす防衛装備の海外移転に際しては、適正管理が確保される場合に限定しました。具体的には、原則として目的外使用及び第三国移転について我が国の事前同意を相手国政府に義務付けることとしました。

政府としては、国際協調主義に基づく積極的平和主義の立場から、国際社会の平和と安定のために積極的に寄与して行く考えであり、防衛装備並びに機微な汎用品及び汎用技術の管理の分野において、武器貿易条約の早期発効及び国際輸出管理レジームの更なる強化に向けて、一層積極的に取り組んでいく考えです」

二〇一四年一二月一八日の防衛省の発表によれば、防衛装備・技術の移転に関する有識者検討会の初会合を開き、四月に閣議決定された防衛装備移転三原則や、六月に策定した防衛生産・

技術基盤戦略に基づき、有効な防衛装備移転を実現するための提言を来年夏にとりまとめることとなった。

■運用指針

二〇一四年四月一日の国家安全保障会議で、装備移転三原則の閣議決定に併せて決定された防衛装備移転三原則の運用指針の概要は次のとおりである。多少難解ではあるかもしれないが、ここでその全文を挙げる。

・防衛装備移転三原則の運用指針の概要

一　防衛装備の海外移転を認め得る案件

平和貢献・国際協力の積極的な推進に資する海外移転、我が国の安全保障に資する海外移転、自衛隊を含む政府機関の活動又は邦人の安全確保のために必要な海外移転、その他の場合を具体的に記述

二　海外移転の厳格審査の視点

個別案件の輸出許可に当たっては、一に掲げる防衛装備の海外移転を認め得る案件に該当するものについて、

・仕向先及び最終需要者の適切性
・当該防衛装備の海外移転が我が国の安全保障上及ぼす懸念の程度
の二つの視点を複合的に考慮して、移転の可否を厳格に審査するものとする。
三　適正管理の確保
海外移転後の適正な管理を確保するため、原則として目的外使用及び第三国移転について我が国の事前同意を相手国政府に義務付けること
ただし、平和貢献・国際協力の積極的推進のため適切と判断される場合等の例外規定有り
四　審査に当たっての手続
国家安全保障会議、同幹事会での審議及び関係省庁間での連携
五　定期的な報告及び情報の公開
経済産業大臣による年次報告とそれを受けて国家安全保障会議で審議された案件の情報公開
六　国際共同開発等に関する動向
装備移転三原則の策定に関連した最近の動向はおもに次のようなものである。
(一)　装備移転三原則に基づく初の海外移転（二〇一四／七／一七　経産省発表）
①ペトリオットPAC-2の部品（シーカージャイロ）
②英国との共同研究のためのシーカーに関する技術情報の移転
(二)　検討中等の共同開発
以下のような案件が進行中である。

ア　日仏：防衛装備品・関連技術の輸出や共同開発（二〇一四／七／二一報道）政府間協定交渉中である。フランスは無人潜水機等に関心と報道された。
イ　日英：化学防護服を共同開発（二〇一三／三／二報道）
ウ　日豪：防衛装備品及び技術移転に関する協定署名（二〇一四／七／九報道）豪は潜水艦技術（そうりゅう型の推進機関）に関心
エ　フィリピンへ巡視船一〇隻供与（二〇一四／五／三〇　アジア安保会議で首相表明）
オ　ベトナムへの巡視船供与問題（首相供与表明　二〇一四／五／三〇報道）
カ　トルコとの戦車エンジン共同開発問題は条件が合わず停止（二〇一四／三／一報道）
キ　次期戦闘機Ｆ－３５の国際共同開発、国際的な後方支援システム参画（平成二五年防衛白書）
ク　日独共同開発に関する協議　戦車技術の相互提供か（二〇一四／六／七報道）

・装備移転三原則についての見解

装備移転に関する情報は先に挙げた全文の通りだ。その内容からも今後、この新たな三原則に基づく共同開発や技術移転あるいは装備品の輸出が、従来以上に進展することが期待できる。

これに際しての問題点は、装備移転が関係する双方にとってのＷｉｎ－Ｗｉｎの関係でなければならないという点である。そのうえで新原則に基づき、日本の防衛産業が本来の力を取り戻し再生することが出来なければ、三原則策定の意義は半減する。

また、防衛技術のスピンオフによる民間技術の進歩にも期待が大きい。さらに事柄を二点述べる。

ひとつ目は日本ならではの防衛技術に関するコア技術を国内に保有出来るというものだ。そのためには大学などの研究機関との連携をも含め、研究開発に注力しなければならない。全てを外国に依存することは、日本の死命を外国に制られることにもなりかねないからである。

二つ目は、武器の移転に伴い、当該国との間での重要な交流が生まれるということである。武器の移転は、単に物が動くだけの話ではない。使いこなすための訓練・マニュアル作成・保守整備などを通じて、多くの人的交流があり意見の交換が行われるのである。このことは当該国と日本の間に、極めて太い交流のパイプが出来るということにほかならない。

三　国家安全保障会議（日本版ＮＳＣ）

■発足までの経緯

・国防会議から安全保障会議へ

旧憲法下では、統帥と国務がそれぞれ独立し、しばしば統帥が優先して国務にまで介入する例さえあった。そこで戦後、民主国家として生まれ変わった日本では、防衛に係る事項を完全にシビリアン・コントロールする方策のひとつとして、「国防会議」が設置されることとなったのである。ただし、国防会議の構成、その他国防会議に関する必要な事項は別に定めるとされた。

一九五六年、同関連法が制定され、内閣に国防会議が設置され、国防会議事務局が総理府に設けられた。同事務局は、翌年国防会議直属の事務局となる。

この国防会議は、数次の防衛力整備計画や防衛計画の大綱など、日本の国防施策の基本を審議し、文民統制を実施するうえで重要な役割を果たしてきたと評価を得ている。

一九八六年には、中曽根政権による行政改革のなかで、内閣の危機管理や安全保障機能の強化が図られた。安全保障会議が安全保障会議設置法により内閣に設置され、国防会議の任務を継承するとともに重大緊急事態への対処措置などを審議する機関となったのである。

同時に、官邸機能強化のために内閣官房に外政審議室、内政審議室、内閣安全保障室の三室が設置された。内閣安全保障室（一九八八年に内閣安全保障危機管理室に改組）は、従来の国防会議事務局の組織を引き継ぐ形で、安全保障会議の事務を処理することになった。

防衛計画の大綱や中期防衛力整備計画などの法定事項のほかに、自衛隊の海外派遣など、政治的に重要な安全保障関連事項に今日までかかわってきたのがこの安全保障会議である。

具体的な事例として挙げられるものには、一九九九年三月二四日の能登半島沖不審船事件における初の海上警備行動の発令に際しての諮問や、二〇一四年七月五日早朝の北朝鮮によるミサイル発射に際しての情報確認と対応協議後の内閣官房長官声明発表などがある。ただし、安全保障会議は、合議体組織かつ諮問機関であって、議決権や決定権を持っているわけではない。

•第一次安倍政権での改組の動きと廃案

第一次安倍政権は、安全保障問題担当の内閣総理大臣補佐官とともに、日本版ＮＳＣのたき台である『国家安全保障に関する官邸機能強化会議』を設置した。これは首相官邸機能強化の一環であった。

また第一六六回国会において、政府は衆議院に安全保障会議設置法などの一部を改正する法律案（安保会議設置法改正案）を提出した。この改正案の主な内容は、「安全保障会議」の名称を「国家安全保障会議（日本版NSC：米国の国家安全保障会議になぞらえた俗称）」に改め、審議事項を国家安全保障に関する事項にまで拡充して、同会議に専門会議と事務局を置くことであった。

しかしながら衆参両院のねじれ状態や、安倍首相の退陣と政策観の異なる福田首相の登場によって法案成立の見込みは不透明となってしまう。結果的に法案は審議未了により廃案となってしまったのである。

・民主党政権下での検討

二〇〇九年九月に政権をとった民主党では、菅直人氏が二〇一〇年に二代目の首相についた。同政権下において二〇一一年二月に総合的な外交・安全保障戦略の策定に向けて五つの分科会が設置されたが、そのうちの「NSC・インテリジェンス」分科会で日本版NSCの具体化が着手された。その後、同年七月と二〇一二年三月に中間報告がまとめられ、同年八月には提言案が作成された。

民主党の日本版NSC構想は、専門家や省庁からの出向者から成る一〇〇人規模の事務局を設立すること、テロ・エネルギーなどテーマごとに合計一三の担当室を置くこと、安全保障担当の官房副長官を新設して事務局のトップとする体制、そして原発事故や化学兵器によるテロなどへ

〒104-0061
東京都中央区銀座1丁目15番6号 KN銀座ビル502号
TEL:03(3567)3060　E-Mail：office@jpsn.org

の対応のため、専門家を中心とした科学顧問団の設置を盛り込んでいることが特徴である。

• 第二次安倍政権の発足と有識者会議の設置

日本版ＮＳＣ創設は、安倍首相が第一次内閣（二〇〇六年九月～二〇〇七年九月）で目指した課題だったが、当時は実現しなかった。

しかし二〇一二年一二月に第二次安倍内閣が発足。自民党は、衆院選公約で外交・安保の司令塔として日本版ＮＳＣを設置することを訴えており、安倍総理は総理就任直後の記者会見でも改めて日本版ＮＳＣ設置の意欲を表明した。

そんななか二〇一三年一月に発生したアルジェリアでの人質事件に際し、邦人救出のための情報収集に手間取るなど、政府部内に機動的に対処方法を決定し実行する体制がないことが浮き彫りになった。このため、安倍内閣は二月に総理自らを議長とする『国家安全保障会議の創設に関する有識者会議』を立ち上げ、日本版ＮＳＣ設置のための作業を進めることになった。

法案は同年六月七日に閣議決定され、国会に提出されたが、第一八三回国会会期中には成立させることが出来ず継続審議となった。

• 国家安全保障会議（日本版ＮＳＣ）の発足

二〇一三年、第二次安倍内閣は、『安全保障会議設置法等の一部を改正する法律案（安保会議設置法改正案）』を国会に提出し、同年一一月に成立。一二月四日に安全保障会議設置法が改正され（法律の表題も「国家安全保障会議設置法」に変更）、安全保障会議は国家安全保障会議へと再編された。安倍首相の念願が実ったというべきだろう。

■設置後の活動状況

日本版NSCは、二〇一三年一二月四日に発足し、翌二〇一四年一月七日にはその事務局である国家安全保障局が発足した。

以下、日本版NSC開催状況のなかの主要事項を時系列に沿ってみてみよう。

二〇一三年一二月四日【四大臣会合】国家安全保障戦略等について
二〇一三年一二月一〇日【九大臣会合】防衛計画の大綱等について
二〇一三年一二月一二日【九大臣会合】平成二五年度における防衛力整備内容のうちの主要な事項について
二〇一三年一二月一七日【九大臣会合】国家安全保障戦略等について
二〇一三年一二月二三日【四大臣会合】南スーダン情勢等について
【九大臣会合】国連南スーダン共和国ミッション（UNMISS）

日本版ＮＳＣの概要

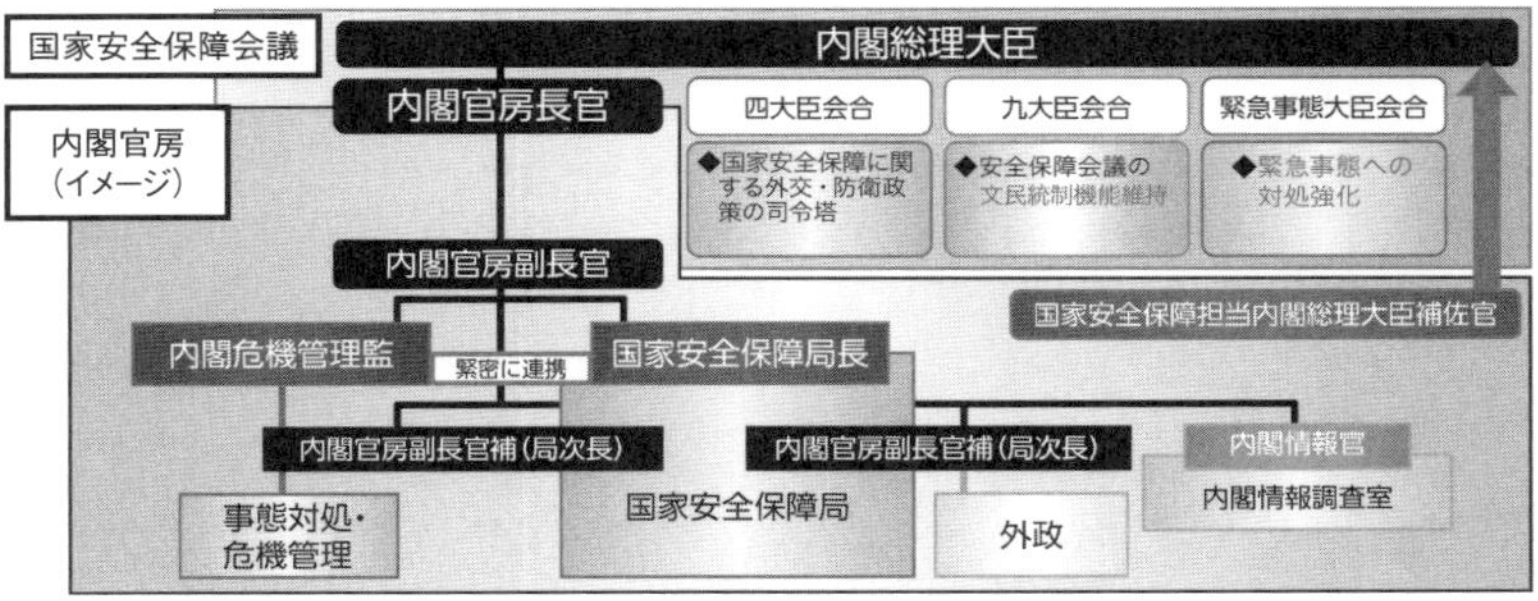

（防衛白書平成二六年度版から転載）

にかかる物資協力の実施について
二〇一三年一二月二四日【九大臣会合】平成二六年度における防衛力整備内容のうちの主要な事項について
二〇一三年一二月二五日【四大臣会合】南スーダン情勢、東アジア情勢等について
二〇一四年一月一六日【四大臣会合】東アジア情勢および南アジア情勢等について
二〇一四年一月三一日【四大臣会合】東アジア情勢等について
二〇一四年二月一三日【四大臣会合】東アジア情勢等について
二〇一四年二月二七日【四大臣会合】アジア太平洋情勢等について
二〇一四年三月一一日【四大臣会合】アジア太平洋情勢および武器輸出三原則等に関する検討状況等について
二〇一四年三月一七日【四大臣会合】ウクライナ情勢等について
二〇一四年三月二〇日【四大臣会合】ウクライナ情勢について
二〇一四年四月一日【九大臣会合】防衛装備移転三原則等について
【九大臣会合】防衛装備移転三原則の運用指針について
二〇一四年四月一一日【四大臣会合】アジア情勢について
二〇一四年四月二四日【四大臣会合】欧州情勢等について
二〇一四年五月一五日【四大臣会合】安全保障の法的基盤の再構築について
二〇一四年五月二二日【四大臣会合】中東情勢等について

二〇一四年六月一二日【四大臣会合】防衛生産・技術基盤に関する課題等について
二〇一四年六月二六日【四大臣会合】サイバー空間をめぐる安全保障環境等について
二〇一四年六月三〇日【四大臣会合】北朝鮮による弾道ミサイル発射事案について
二〇一四年七月一日【九大臣会合】国の存立を全うし、国民を守るための切れ目のない安全保障法制の整備について
二〇一四年七月三〇日【九大臣会合】日朝政府間協議を受けた我が国の対応について
（内閣官房HP国家安全保障会議から）

この開催状況からも、発足以来の日本版NSCが精力的かつ能動的に活動していることが分かる。

■今後への期待と課題

・国家安全保障局の拡充や人員、権限、制度上の諸問題

NSCの精力的な活動は国民の期待に応えるものである一方、依然、日本版NSCには物足りない部分もある。一例としてはその陣容だ。総数六七名体制ではいかにも心もとない。米国のNSCは人員約三二〇名といわれており、その約半数が政治任用である。これに対し日本の

現状は各省庁からの出向者で構成されており、その功罪について論議がある。いずれにしても、特に日本型組織の弊害といわれる縦割り体質が顕れることは、大きな問題となりかねない。また、日本の補佐官の役割をみると、米国との比較においては限定的で権限も弱いように考えられる。また緊急事態への対処を担うとされている内閣危機管理監との役割の明確化も必要となってくる。

制度上、各行政機関が適時に資料や情報を提供、また日本版NSCが発注することも可能となっていることも大きなメリットではある。ただし、これを実質化することが出来なければその意味はない。果たして所望の資料や情報が集約出来るのか、また集約した情報の分析能力が十分にあるのかなどが今後の課題であろう。

制度的にいえば、守秘義務との関係が重要である。この点で、特定秘密保護法（二〇一三〈H二五〉年一二月六日成立、一二月一六日公布）の制定は必要不可欠であったと考えられる。

これらに加え、政治家がさらに国家安全保障などについての識能を深めるとともに、国家安全保障局が実際機能するように、所要の訓練を行う必要がある。各省庁との連携をも含め、少ない人員体制でいかに効果的な運営を行って、首相を補佐するかを主眼に置いた組織作りが必須となっているのである。

四　積極平和主義について

■積極平和主義とは何か

二〇一三年一二月一七日、日本版NSCを経て「国家安全保障戦略」（NSS）が閣議決定された。そこには『国際政治経済の主要プレーヤーとして、国際協調主義に基づく積極平和主義の立場から……』とあり、積極平和主義が国家安全保障戦略の中核に位置付けられている。国家安全保障に関する基本方針を示すべき政府の最上位文書である国家安全保障戦略に、積極平和主義が明確に位置付けられた意義は大きい。

そこに積極平和主義とはかくなるものであるとの明確な定義は述べられていないが、その実質は次のようにまとめられるだろう。

「国際政治経済の主要プレーヤーとして、国際協調主義の下、我が国の安全およびアジア太平洋地域の平和と安定を実現しつつ、国際社会の平和と安定および繁栄の確保に積極的に寄与しようという国家安全保障の基本理念」

ちなみに英語では、これを「Proactive Contribution to Peace」と訳される。

■日本における積極平和主義という概念

一九九〇年八月のイラクによるクウェート侵攻によって始まった湾岸戦争（GULF WAR）に際し、日本は資金拠出のみの協力を余儀なくされた。世界が平和で安定していることの恩恵を最も受けている国家であるにもかかわらず、国際社会に貢献出来なかった結果は屈辱的なものとなった。

クウェート政府がのちに米国の新聞に出した戦争解決に寄与した国々（の国民）に対する感謝広告には、日本の名前はなかったのである（もっとも、紛争解決後、湾岸海域の機雷除去のため海上自衛隊の掃海部隊が派遣された。また、当時日本と同じような状況にあったドイツは、統一後、基本法の改正を行いNATO域外派兵の道筋をつけることになった）。

このような状況に危機感を覚えた自民党は、「国際社会における日本の役割に関する特別調査会」を設置（小沢調査会）し、その答申が一九九二年に提出された。

当時、自民党幹事長だった小沢一郎氏は、湾岸危機を「戦後の黒船」と捉え、湾岸多国籍軍への自衛隊の派遣を最も強く主張した人物だった。その後の著書『日本改造計画』では、「普通の国」論の一部として自らの安全保障政策を体系化する。

小沢調査会の答申では、「安全保障に関する日本の持つべき理念」として、第一に「積極的・能動的平和主義」が掲げられた。その内容を要約すれば「憲法の平和主義は一国平和主義に陥りがち。より一層の寄与を求める国際世論の高まりもある。憲法前文の理念は、国際社会と協調し、世界の平和秩序維持と世界経済の繁栄のために努力するとの精神を示している。消極的平和主義や一国平和主義とは全く異なる積極的、能動的な平和主義の精神により対応すべきである」となる。

これ以降、各研究機関などによる提言では「積極平和主義」、またはそれに類似した文言が用いられるようになったのである。

■理念樹立の背景

積極平和主義と世界のなかの日本についての関係を明らかにするためには、まず日本の国益が、どのようなものであるかを明らかにする必要がある。

そのうえで、国益追求のために、日本の為すべきこと、その可能性などを考慮しなければならず、同時に過去から将来にわたる日本の在り方と国益との関連や必要となる条件、その影響などをも検討しなければならない。

•国益の明確化とその追及

国益の第一は、日本の主権・独立を維持し、領域を保全し、国民の生命・身体・財産の安全を確保することであり、豊かな文化と伝統を継承しつつ、自由と民主主義を基調とする日本の平和と安全を維持し、その存立を全うすることである。

また、経済発展を通じて国家と国民の更なる繁栄を実現し、日本の平和と安全をより強固なものとすることが続く。そのためには、海洋国家として、特にアジア太平洋地域において、自由な交易と競争を通じて経済発展を実現する自由貿易体制を強化し、安定性および透明性が高く、見通しがつきやすい国際環境を実現していくことが不可欠である。

さらに、自由、民主主義、基本的人権の尊重、法の支配といった普遍的価値やルールに基づく国際秩序を維持・擁護することも、同様に日本の国益と考えられる。

・日本の平和国家としての歩み

日本は、戦後一貫して平和国家としての道を歩み、アジア太平洋地域や国際社会の平和と安定を実現してきた。「積極平和主義」はこの延長線上に位置付けられる。

そんな日本の平和国家としての歩みは、①人間の安全保障の理念に立脚した途上国の開発援助、②貧困、気候変動、防災、水、衛生、教育、農業等の地球規模の課題への取組み、③軍縮・不拡散の取組み、④自衛隊による国連ＰＫＯ、インド洋上の補給支援活動、イラクでの人道復興支援活動、海賊対処活動、国際緊急援助隊による災害救援活動などという形で明らかとなっている。

もちろん、この理念をさらに拡大・拡充する必要性は、今日、より大きなものとなりつつある。

●日本を取り巻く安全保障環境と課題

国益を追求し、引き続きここに挙げた平和な国家を維持し拡充していくためには、広く国際情勢を分析し、具体的な対応策を実行していかなければならない。

日本を取り巻く安全保障環境は、パワーバランスの急激な変化、テロやサイバーなど新たな脅威の出現、厳しいアジア太平洋地域の安全保障環境などにより一層厳しさを増している。また現在では多くの脅威が容易に国境を超える状況が生まれつつある。日本周辺と世界全体（グローバル）に分けて、それぞれで考え得る脅威を列記してみよう。

アジア太平洋地域

・核兵器を含む大規模な軍事力を持つ国家などが集中する一方、安全保障面の地域協力枠組みは十分に制度化されていない。
・北朝鮮による核・ミサイル開発の継続や挑発行為
・中国による透明性を欠いた軍事力の強化、海空域における活動の活発化

グローバル

・パワーバランスの変化および技術革新の急速な進展
・大量破壊兵器などの拡散、国際テロや海洋、宇宙、サイバー空間におけるリスクなど国境を越える脅威の出現
・貧困、開発問題などの「人間の安全保障」に関する問題やグローバル経済のリスクの拡大

・総合的判断の基本的理念の樹立

現在の世界では、どの国でも単独で自らの平和と安全を維持することは出来ない。また、国際社会の平和と安定は日本にとっての繁栄の基礎でもあることから、日本もまた能力に応じた役割を果たすことが求められるのは当然といえる。

そのような状況を認識したうえで、従来までの平和国家方針の延長線としての積極平和主義が求められていることは間違いない。これは国益を守りつつ、国際協調主義に基づいて国際社会で当然とみなされる責任を果たすために、その平和と安定に能動的かつ積極的に寄与することを意味する。そのために必要となるのが基本的理念であることは間違いない。

■達成するための目標

目標としては、次の三つを挙げることが出来る。

第一の目標は、日本の平和と安全を維持し、その存立を全うするために、必要な抑止力を強化し、日本に直接脅威が及ぶことを防止し、万が一脅威が及ぶ場合にはこれを排除し、かつ被害を最小化すること。

第二の目標は、日米同盟の強化、域内外のパートナーとの信頼・協力関係の強化、実際的な安全保障協力の推進によって、アジア太平洋地域の安全保障環境を改善し、日本に対する直接的な脅威の発生を予防し、削減すること。

第三の目標は、不断の外交努力やさらなる人的貢献により、普遍的価値やルールに基づく国際秩序の強化、紛争の解決に主導的な役割を果たし、グローバルな安全保障環境を改善することで、平和で安定し、繁栄する国際社会を構築すること。

■とるべき政策

積極平和主義のためには、日本がその総合力、外交力、経済力、技術力、防衛力などを強化し、国としての存立を全うすることによって国際社会の平和と安定に寄与しなければならない。そして、さらに次の六項目の方策が必要となる。

①日本の能力・役割の強化・拡大
②日米同盟の強化
③国際社会の平和と安定のためのパートナーとの外交・安全保障協力の強化

④国際社会の平和と安定のための国際的努力への積極的寄与
⑤地球規模課題解決のための普遍的価値を通じた協力強化
⑥国家安全保障を支える国内基盤の強化と内外における理解促進

■六項目の戦略方策具体策

・積極平和主義のための日本の能力と役割拡充

ここまでに挙げた三つの目標と六項目の方策を実現するためには、各方面での努力が必要である。そのなかで日本が独自に行うべきことを考えてみる。

その第一は外交の強化だ。外交的な創造力・交渉力、ソフトパワーを強化し、日本にとって望ましい国際秩序や安全保障環境を実現する。また国際機関への貢献もより積極的に実施することが欠かせない。そして総合的な防衛体制の構築も欠かせない。防衛力を着実に整備し、あらゆる事態にシームレスに対応するための総合的な体制を平素から構築する必要がある。

次いで領域保全に関する取組みを強化し、不測の事態にシームレスに対応する領域保全の強化と、法の支配などに基づく「開かれ安定した海洋」の維持・発展に向け、主導的役割を果たす海洋安全保障の確保だ。

さらに、防衛装備品の活用などによる平和貢献・国際協力への一層積極的な関与、防衛装備品などの共同開発・生産などへの参画の要請を踏まえ、武器などの海外移転に関し、新たな安全保障環境に適合する明確な原則を定めることなど、防衛装備・技術協力面の進展も考え得る。

・日米同盟の強化

抑止力を強化し、日本に脅威が及ぶことを防止することが肝要である。日米安全保障体制の実効性を一層高め、より力強い日米同盟を実現する。そのために「日米防衛協力のための指針」の見直し作業を推進し、弾道ミサイル防衛、海洋、宇宙、サイバーなどの幅広い分野における協力を強化するとともに、抑止力を向上しつつ、沖縄を始めとする地元の負担軽減のため、在日米軍再編を日米合意に従って着実に実施する。

・パートナーとの外交・安全保障協力の強化

日米関係に加え、日本の周辺各国との関係も変わりつつある。韓国・豪州・ASEAN・インド：普遍的価値・戦略的利益を共有する国として協力関係を強化する。

中国とは「戦略的互恵関係」を構築する。地域の平和と安定および繁栄のために責任ある建設的役割を果たすよう促す。力による現状変更の試みには冷静かつ毅然と対応する。また、北朝鮮については、拉致・核・ミサイルなどの諸懸案の包括的解決に向け、北朝鮮に対し具体的な行動を求めていく。

さらに、重層的な地域協力の枠組み（APEC、EAS、ARFなど）や三カ国間の枠組み（日米韓、日米豪、日米印および日中韓）を積極的に活用する。

*

積極平和主義と対比される文言としては、消極的平和主義、受動的平和主義などが思い浮かぶ。しかしながら、それは即ち世界の警察官たる米国の庇護の下に、かつて日本が一国平和主義の陥穽に陥ったことを想起させる。

もはや、日本にはそのような甘えは許されない、国際社会において名誉ある地位を占めるためにも能力と地位に応じた責任を果たさねばならないのである。その意味においては、今般、日本の国家戦略の基本的な方向性として積極平和主義を採用したことは時宜を得たものと評価出来る。

問題は、この積極平和主義が日本にとっての基本的理念として定着するかどうかだ。もちろん、現在の安倍政権とそれに続く政権がこの理念を継承するならば日本の国是として定着する可能性はある。

第二の課題は、日本が全体として積極平和主義の理念に賛同するとしても、その具体的な方向性・方策に関しては大きく意見を異にする「同床異夢」になってしまうという可能性だ。そのような状況の原因となる認識ギャップを埋めるためには、現段階からの徹底的な議論が必要となってくるだろう。

第三の課題は、積極平和主義の実行には相応の「覚悟」が必要となる点である。「覚悟」のない積極平和主義は、所詮、画餅に終わってしまうおそれがある。積極平和主義を遂行するためには国家の万全の体制を構築することが必要であり、それを国民に周知し、理解と同意を得なければならないのである。

五　安全保障基本法について

■自民党の国家安全保障基本法案

日本の安全保障・防衛関係法令は、自衛隊法、周辺事態対処法などが個別かつ並列的に制定されている。その問題点は、各個の法令にまとめて大きな網を被せ、包括的な考え方を示す基本法が欠如していることにほかならない。

これに対しては、国の防衛ならびに国際の平和および安全の維持に関する国際協力に関し、基本理念その他の基本となる事項を定める（国家）安全保障基本法の制定を求める動きがある。従来、自民党および識者からその案が提示されてきた。

以下に野党時代の自民党が二〇一二年七月にまとめた国家安全保障基本法（概要）を示す。

第一条（本法の目的）

第二条（安全保障の目的、基本方針）

安全保障の目的は、外部からの軍事的または非軍事的手段による直接または間接の侵害その他のあらゆる脅威に対し、防衛、外交、経済その他の諸施策を総合して、これを未然に防止しまたは排除することにより、自由と民主主義を基調とする我が国の独立と平和を守り、国益を確保することにある。

（これらの）目的を達成するため、次に掲げる事項を基本方針とする。

一　国際協調を図り、国連憲章の目的の達成のため、我が国として積極的に寄与すること。

二　政府は、内政を安定させ、安全保障基盤の確立に努めること。

三　政府は、実効性の高い統合的な防衛力を効率的に整備するとともに、統合運用を基本とする柔軟かつ即応性の高い運用に努めること。

四　国連憲章に定められた自衛権の行使については、必要最小限度とすること。

第三条（国及び地方公共団体の責務）

第四条（国民の責務）

国民は、国の安全保障施策に協力し、我が国の安全保障の確保に寄与し、もって平和で安定した国際社会の実現に努めるものとする。

第五条（法制上の措置等）

第六条（安全保障基本計画）

第七条（国会に対する報告）

第八条（自衛隊）

外部からの軍事的手段による直接または間接の侵害その他の脅威に対し我が国を防衛するため、陸上・海上・航空自衛隊を保有する。

自衛隊は、国際の法規及び確立された国際慣例に則り、厳格な文民統制の下に行動する。

第九条（国際の平和と安定の確保）

政府は、国際社会の政治的・社会的安定及び経済的発展を図り、もって平和で安定した国際環境を確保するため、以下の施策を推進する。

第一〇条（国連憲章に定められた自衛権の行使）

第二条第二項（第四号）の基本方針に基づき、我が国が自衛権を行使する場合には、以下の事項を遵守しなければならない。

一　我が国、あるいは我が国と密接な関係にある他国に対する、外部からの武力攻撃が発生した事態であること。

二　自衛権行使に当たって採った措置を、直ちに国連安全保障理事会に報告すること。

三　この措置は、国連安全保障理事会が国際の平和及び安全の維持に必要な措置が講じられたときに終了すること。
四　一号に定める「我が国と密接な関係にある他国」に対する武力攻撃については、その国に対する攻撃が我が国に対する攻撃とみなしうるに足る関係性があること。
五　一号に定める「我が国と密接な関係にある他国」に対する武力攻撃については、当該被害国から我が国の支援についての要請があること。
六　自衛権行使は、我が国の安全を守るため必要やむを得ない限度とし、かつ当該武力攻撃との均衡を失しないこと。
（これらの）権利の行使は、国会の適切な関与等、厳格な文民統制のもとに行われなければならない。
第一一条（国連憲章上定められた安全保障措置等への参加）
我が国が国連憲章上定められ、又は国連安全保障理事会で決議された等の、各種の安全保障措置等に参加する場合には、以下の事項に留意しなければならない。
一　当該安全保障措置等の目的が我が国の防衛、外交、経済その他の諸政策と合致すること。
二　予め当該安全保障措置等の実施主体との十分な調整、派遣する国及び地域の情勢についての十分な情報収集等を行い、我が国が実施する措置の目的・任務を明確にすること。
本条の下位法として国際平和協力法案（いわゆる一般法）を予定。
第一二条（武器の輸出入等）

内容を一読すれば明らかなように、ここには先に挙げた安保法制懇の報告書の内容と重複しているものが数多くある。

■今後の取り扱いについて

自民党は本基本法案をいわば公約として総選挙と参院選を戦い、勝利した。また、安倍首相は二〇一三年七月の記者会見で、安保基本法案は政府提出が望ましいとの認識を表明した。その後、安保法制懇報告書の提出時期の遅れ、日米防衛協力指針(ガイドライン)の年内改定方針もあり、新法制定の場合、法案策定時政府・与党内調整や国会審議に時間がかかる可能性が出てくると判断し、二〇一四年四月、基本法を先送りにし、自衛権行使に根拠を与える必要最小限の既存法改正で乗り切った方が得策との姿勢に転換したと指摘されている。

政府は、当面閣議決定事項の早急なる実現を目指すこととしているが、それにより基本法の必要性が減じたわけではない。個別並列的な法体系を網羅し、包括的な理念や方向性を定める基本法が制定されることの重要性はいささかも減じていないのである。

さて、自民党の基本法案に追加すべきものがあるとすれば何だろうか?

①国家非常事態に関する規定(定義、認定・承認、権利制限等)
②国家安全保障体制と役割の明確化
③自衛官の地位

④国民保護（民間防衛）体制の整備
⑤国、地方自治体および国民の責務と相互の連携
などがそれに当たると考えられ、今後の課題であることは間違いない。

第三章・現在の軍事力比較

日本の安全保障を考えるとき、日本の軍事力（防衛力）を分析すると同時に、特に東アジア各国の軍事力を把握、比較することは欠かせない。これをベースにして外交がなされ、今後対応すべき事項が固まるからだ。

小説や映画、ゲームなどの影響によるものか、巷には各国軍事力の漠然としたイメージがあるように思う。

偏狭な感情論ではなく、建設的な外交と理性的で効果的な国防戦略を構築するために、本章では自衛隊、中国軍、韓国軍、北朝鮮軍、そしてロシア軍の軍事力と動向を、資料をもとに正確に分析したい。

一　自衛隊

自衛隊については、二〇一四年一二月に策定された「平成二六年度以降に係る防衛計画の大綱」（以下二五大綱という）について主に説明する。

■二五大綱策定の経緯

• 自民党の新大綱に対する提言

二〇〇九年当時、政権与党にあった自民党は、六月に政府に対して新大綱に対する提言案を提出した。そこには、防衛費縮減の撤回、陸上総隊の新設、武器輸出三原則の見直し、集団的自衛権の見直しなど画期的な内容が盛り込まれていた。ただし、それらは八月の総選挙によって自民党が大敗し、民主党へと政権が移ったことで頓挫してしまう。

• 民主党政権下での二二大綱の策定

二〇〇九年九月、政権交代に伴って発足した鳩山内閣は、防衛計画の大綱改訂に積極姿勢をとった。これは折から次期大綱の策定時期であったこと、新たに政権党となった民主党としての特色を打ち出すのに効果の大きい政策案であったからである。しかしながら、当初、年内改訂を目指したものの その準備不足は否めず、作業開始三週間後には改訂を翌年まで一年先送りすることを決定せざるを得なくなった。

二〇一〇年二月、鳩山首相は「新たな時代の安全保障と防衛力に関する懇談会」において「タブーなき議論を」と要望を出す。ところが普天間基地移設問題で政権は崩壊に追い込まれる。さらにこれに続いた菅内閣も、支持率の急落によって連立を組む社民党への配慮がやむなき状況となり、武器輸出三原則の見直しにまでは踏み込めなくなった。そのような状況下、一二月一七日には安全保障会議と閣議で新大綱（二二大綱）が決定され、旧大綱は同年度限りで廃止されることとなった。

・二二大綱の特色

二二大綱は、従来の冷戦型の「基盤的防衛力」の方針を廃し、「動的防衛力」構想を打ち出したことが最大の特色となった。これは南西諸島方面の中国の脅威の増大や北朝鮮の弾道ミサイル対処を重視したものであったが、前記のように武器輸出三原則見直しは見送られ、集団的自衛権や陸上自衛隊の改編などもまた手つかずのままとなった。

・自民党の政権復帰と新大綱の策定

二〇一二年一二月の総選挙により、民主党は敗北、政権に復帰した自民党の安倍内閣は、翌年一月二五日、現行の二二大綱の凍結と中期防衛力整備計画の廃止を決定。これに代わる新大綱の策定を目指すこととなる。

二〇一三年九月一〇日の閣僚懇談会で、安倍首相からの指示が下された。その内容は「国家安全保障戦略」の策定と二二大綱を同年中に見直すための作業実施であった。そのために「安全保障と防衛力に関する懇談会」が設置され、七回の会議が持たれる。その結果、一二月一七日には国家安全保障戦略、新大綱、新中期防が決定された。

■日本を取り巻く安全保障環境の激変

•グローバルな安全保障環境の変化

ここ数年来、国家間の相互依存関係が一層拡大・深化し、純然たる有事でも平時でもないグレーゾーンとでもいうべき状況が増加傾向にある。また、沿岸国の一方的な主張·行動による、公海の自由が不当に侵害される事態が発生し、さらには宇宙空間・サイバー空間の安定的利用の確保が国際社会の安全保障上の重要課題となりつつある。

•アジア太平洋地域の安全保障環境

近年顕著になったアジア太平洋地域の安全保障環境を端的に表せば次のようになる。

まず、尖閣諸島域における中国公船などの接続水域航行や領海侵犯などの頻発といったグレーゾーンの事態が長期化し、あるいはそれらがより重大な事態に転じる可能性も懸念されていること。そして、北朝鮮の地下核実験や核弾頭の小型化、数次のミサイル発射などに明らか

日本周辺の安全保障環境の変化

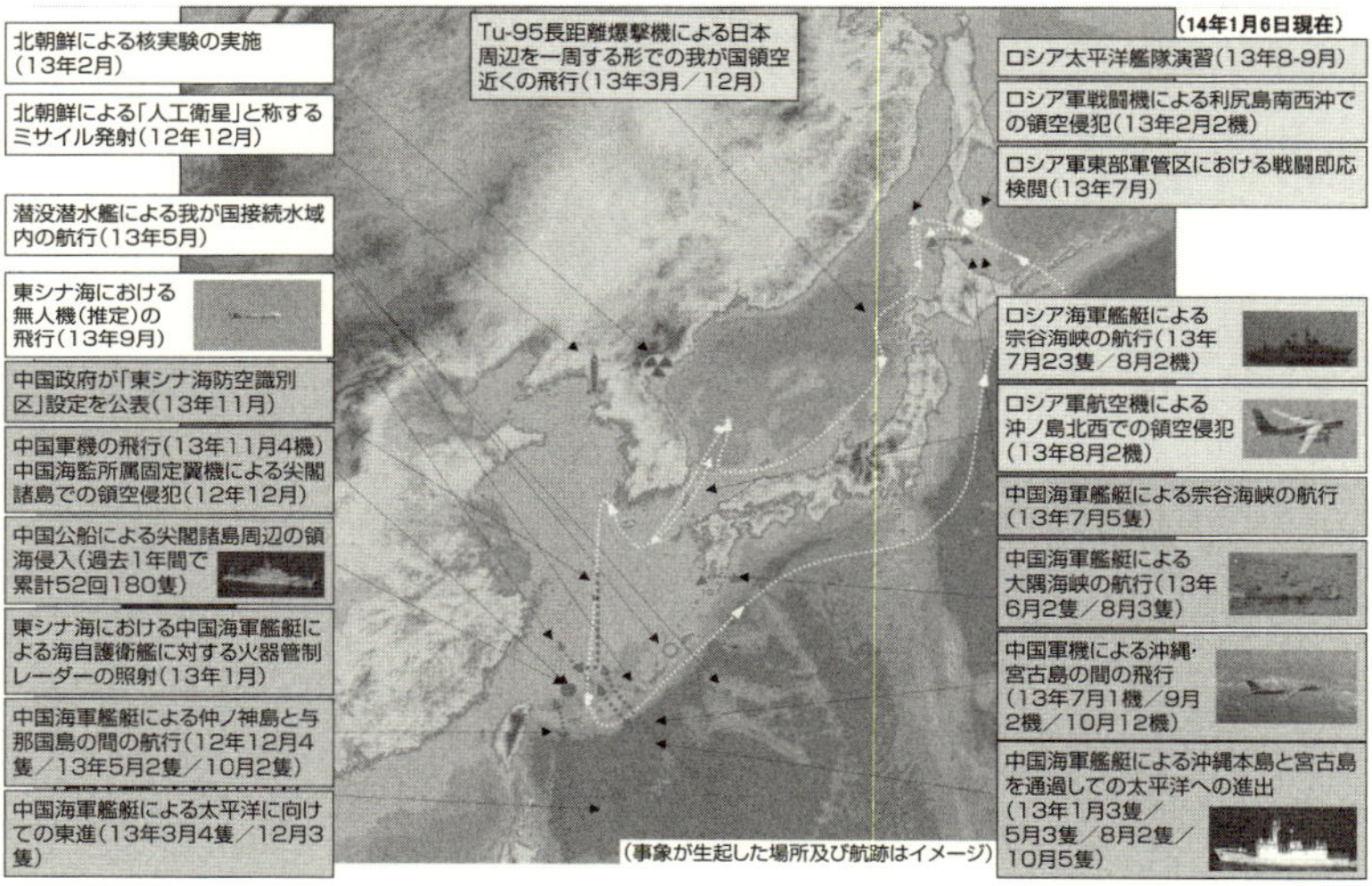

（防衛省資料から転載）

なように、核・ミサイル開発は、日本の安全に対する重大かつ差し迫った脅威となっている。

一方で中国は軍事力を広範かつ急速に強化している。また、このような力を背景として周辺海空域などにおける活動を急速に拡大・活発化するなど、中国は現状変更の試み、高圧的ともいえる対応を示している。こうした軍事動向などについては、日本として強く懸念しているところであり、またそれは、地域・国際社会の安全保障上からも懸念ともなっている。

また、アジア太平洋地域へのリバランス（戦略の重点をより一層同地域にシフトするという方針転換）を明確にしつつある米国の動向も、大きな検討要因であることは間違いない。

我が国の管轄海域

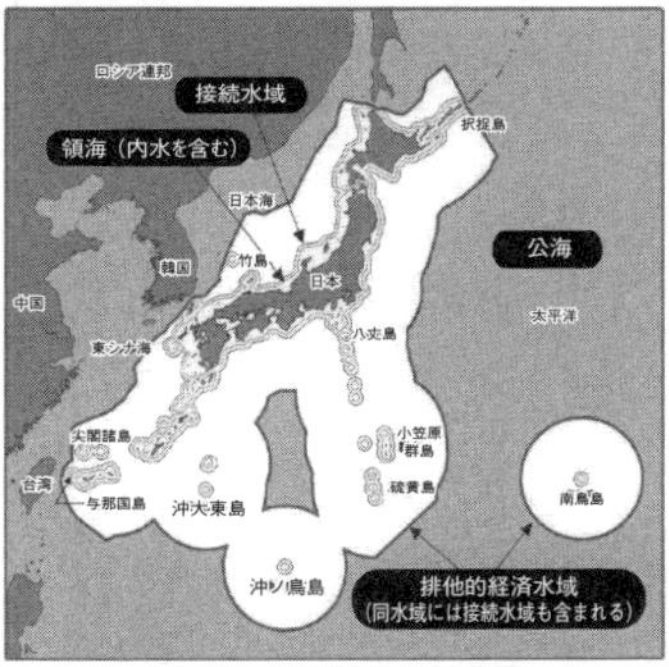

【参考データ】
○管轄海域面積
約 447 万 km²（世界第 6 位）
○構成島数　6,852
○東西距離、南北距離ともに約 3,000km
○貿易に占める海上貿易割合
99.7%（重量ベース）

（防衛白書平成二六年度版から転載）

・日本の地理的特性

日本はユーラシア大陸の東縁辺部に位置し、北朝鮮・韓国・中国の北太平洋へのアクセスを扼する位置にある。従って、その生存と未来を海に依存することが多く、前述の三カ国との関係を正常に保ち、海上交通および航空交通の安全の確保は平和と繁栄の基礎となっている。また、日本には自然災害が多いなど安全保障上の脆弱性があり、大規模災害などへの対処に万全を期す必要性がある点は十分考慮しなければならない。

・日本を取り巻く安全保障環境の要約

前記の諸条件を踏まえた日本の安全保障には、大きな二つの前提条件があると考えられる。すなわち、主要国間の大規模武力紛争の蓋然性は引き続き低いと考えられる一方、様々な安全保障上の課題や不安定要因はより顕在化・先鋭化している。このため、二三大綱の策定以降、日本を取り巻く安全保障環境は、一層厳しさを増している。

第二には、安全保障上の課題や不安定要因は多様かつ広範で、一国のみでは対応が困難である点を考慮しなければならない。各国が、地域・国際社会の安定のために協調しつつ積極的に対応する必要性がさらに増大しているのである。

■日本の防衛の基本方針

戦後一貫した防衛政策の基本と二〇一三年末に策定された国家安全保障戦略（日本版NSS）、新大綱（二五大綱）などを踏まえた日本防衛の基本方針は、次の四点に要約出来る。

第一には、国家安全保障戦略を踏まえた積極的平和主義である。その課題と目標を列記すると次のようになる。

①国際協調主義に基づく積極的平和主義の観点から、日本自身の能力・役割を強化・拡大
②日米同盟を基軸として、日本自身の能力・役割を強化・拡大
③日米同盟を基軸として、各国との協力関係を拡大・深化
④日本の安全およびアジア太平洋地域の平和と安定を追求しつつ、世界の平和と安定および繁栄の確保にこれまで以上に積極的に寄与

二番目のポイントは総合的な防衛体制の構築である。

そのためには、柔軟かつ効率的な防衛態勢とその支援システムを構築し、各種事態の抑止・

対処のための体制を強化すること、日米同盟を強化しつつ、諸外国との二国間・多国間の安全保障協力を積極的に推進すること、防衛力の能力発揮のための基盤確立が必須要件となる。

専守防衛・文民統制・非核三原則が第三の方針となる。

これは日本国憲法の下、専守防衛に徹し、他国に脅威を与えるような軍事大国にならないという基本方針だ。それに従い、文民統制を確保し、非核三原則を守りつつ、実効性の高い統合的な防衛力を効率的に整備していくことが求められる。

そして、最後の第四は、核兵器の脅威への対応である。

まず、核兵器の脅威に対しては、核抑止力を中心とする米国の拡大抑止力が不可欠であることを理解することが肝要である。そのうえで、弾道ミサイル防衛や国民保護を含む日本自身の取組みによる適切な対応とともに、核軍縮・不拡散のための取組みに積極的・能動的な役割を果たしていかなければならない。

■二五大綱などの特色

日本周辺の安全保障環境の激変に対応し、従前の二二大綱を見直し、二〇一三年一二月一七日、「平成二六年度以降に係る防衛計画の大綱」(二五大綱)および中期防衛力整備計画(二〇一四年度～二〇一八年度)が策定された。

新たに策定された国家安全保障戦略、新大綱と中期防の特色は以下のとおりである。

・防衛戦略（政策）の体系的策定

従来はあたかも政治的スローガンとさえ捉えられかねない「国防の基本方針（一九五七年策定）」があったとはいえ、国家の外交や安全保障にかかわる国家戦略は策定されていなかった。

これに対し、「国防の基本方針」に代えて、国家安全保障に関する基本方針を示すものとして策定されたのが国家安全保障戦略（ＮＳＳ）であった。この戦略は、日本がとるべき外交政策および防衛政策を中心とした国家安全保障上の戦略的アプローチを示すと同時に、海洋、宇宙、サイバー、政府開発援助（ＯＤＡ）、エネルギーなど国家安全保障に関連する分野に指針を与えるものとされる最上位の戦略文書である。

ＮＳＳに基づき、国家安全保障のうち五年間を見据えた国防の基本方針が防衛計画の大綱となった。そこでは具体的な防衛力整備の計画を中期防衛力整備として、一貫性を持たせたところに大きな意義がある。

・脅威増大への対応の明確化

経済成長を背景に軍拡を進める中国の覇権主義的な海洋進出や防空識別圏の設定、尖閣諸島周辺での領海（と領空）侵犯は看過出来ない。また指導者が交代した北朝鮮の核・ミサイル開発の脅威に毅然として対処する必要がある。その点を考慮したことにより、二二大綱よりもより一層踏み込んだ戦略、大綱、中期防となった。

• 国家安全保障会議（日本版ＮＳＣ）の創設による強力な実行の担保

日本の外交や安全保障に関する政策や国家戦略の司令塔となる日本版ＮＳＣの創設関連法が、二〇一三年一一月二七日に国会で成立した。今後は、日本版ＮＳＣが設置される首相官邸を中心に、外交・安全保障に関する迅速な情報収集や重要な政策決定が行われ、それが日本の平和と安全を確保するうえで大きな転換点となると期待されている。

日本版ＮＳＣは同年一二月四日に発足、二〇一四年一月には内閣官房に日本版ＮＳＣの事務局である「国家安全保障局」が設置された。その中核となるのは首相、官房長官、外相、防衛相による「四大臣会合」であり、これに副総理を交え、原則として二週間に一回開催される。「緊急事態大臣会合」や総務相、国土交通相らを交えた「九大臣会合」も開催される。

また「国家安全保障局」は、外務、防衛、警察など各省庁から派遣される約六〇人の人員で構成される。

• 「積極平和主義」と統合機動防衛力構想ほか

日本版NSCでは、国際社会とアジアの平和と安定に積極的に寄与するという理念を積極平和主義として掲げた。そこでは民主党政権時代の二二大綱で打ち出された「動的防衛力」に代わる概念として、多様な事態への機動的な対処に加え、陸海空の自衛隊を連携して運用するという統合機動防衛力構想が打ち出されている。そのために防衛費の増額、新装備の導入、陸自定員の増強などが計画される。

ただし、一方では見送られた事項もある。その代表は武器輸出三原則だ。これについては、その具体的な見直しには踏み込まずに、見直す方針を打ち出すにとどめた。また、懸案事項であった集団的自衛権に関する解釈変更などは先送りされた。

■自衛隊の現状と将来体制

二〇一三年度末の自衛隊の体制概要と将来体制は二五大綱別表に明示されているとおりである。

陸・海・空自衛隊の部隊、装備数の増減などを子細に観察すれば、そこに二五大綱の基本的な考えが如実に表れていることは明白である。以下、各自衛隊の現状からの将来体制への移行などについて一覧にまとめる。

防衛計画の大綱別表

区分			現状（平成25年度末）	将来
陸上自衛隊	編成定数 常備自衛官定員 即応予備自衛官員数		約15万9千人 約15万1千人 約8千人	15万9千人 15万1千人 8千人
	基幹部隊	機動運用部隊	中央即応集団 1個機甲師団	3個機動師団 4個機動旅団 1個機甲師団 1個空挺団 1個水陸機動団 1個ヘリコプター団
		地域配備部隊	8個師団 6個旅団	5個師団 2個旅団
		地対艦誘導弾部隊	5個地対艦ミサイル連隊	5個地対艦ミサイル連隊
		地対空誘導弾部隊	8個高射特科群/連隊	7個高射特科群/連隊
海上自衛隊	基幹部隊	護衛艦部隊	4個護衛隊群（8個護衛隊） 5個護衛隊	4個護衛隊群（8個護衛隊） 6個護衛隊
		潜水艦部隊	5個潜水隊	6個潜水隊
		掃海部隊	1個掃海隊群	1個掃海隊群
		哨戒機部隊	9個航空隊	9個航空隊
	主要装備	護衛艦 （イージス・システム搭載護衛艦）	47隻 （6隻）	54隻 （8隻）
		潜水艦	16隻	22隻
		作戦用航空機	約170機	約170機
航空自衛隊	基幹部隊	航空警戒管制部隊	8個警戒群 20個警戒隊 1個警戒航空隊（2個飛行隊）	28個警戒隊 1個警戒航空隊（3個飛行隊）
		戦闘機部隊	12個飛行隊	13個飛行隊
		航空偵察部隊	1個飛行隊	－
		空中給油・輸送部隊	1個飛行隊	2個飛行隊
		航空輸送部隊	3個飛行隊	3個飛行隊
		地対空誘導弾部隊	6個高射群	6個高射群
	主要装備	作戦用航空機 うち戦闘機	約340機 約260機	約360機 約280機

注１：戦車及び火砲の現状（平成 25 年度末定数）の規模はそれぞれ 700 両、約 600 両 / 門であるが、将来の規模はそれぞれ約 300 両、約 300 両 / 門とする。
注２：弾道ミサイル防衛にも使用し得る主要装備・基幹部隊については、上記の護衛艦（イージス・システム搭載護衛艦）、航空警戒管制部隊及び地対空誘導弾部隊の範囲内で整備することとする。

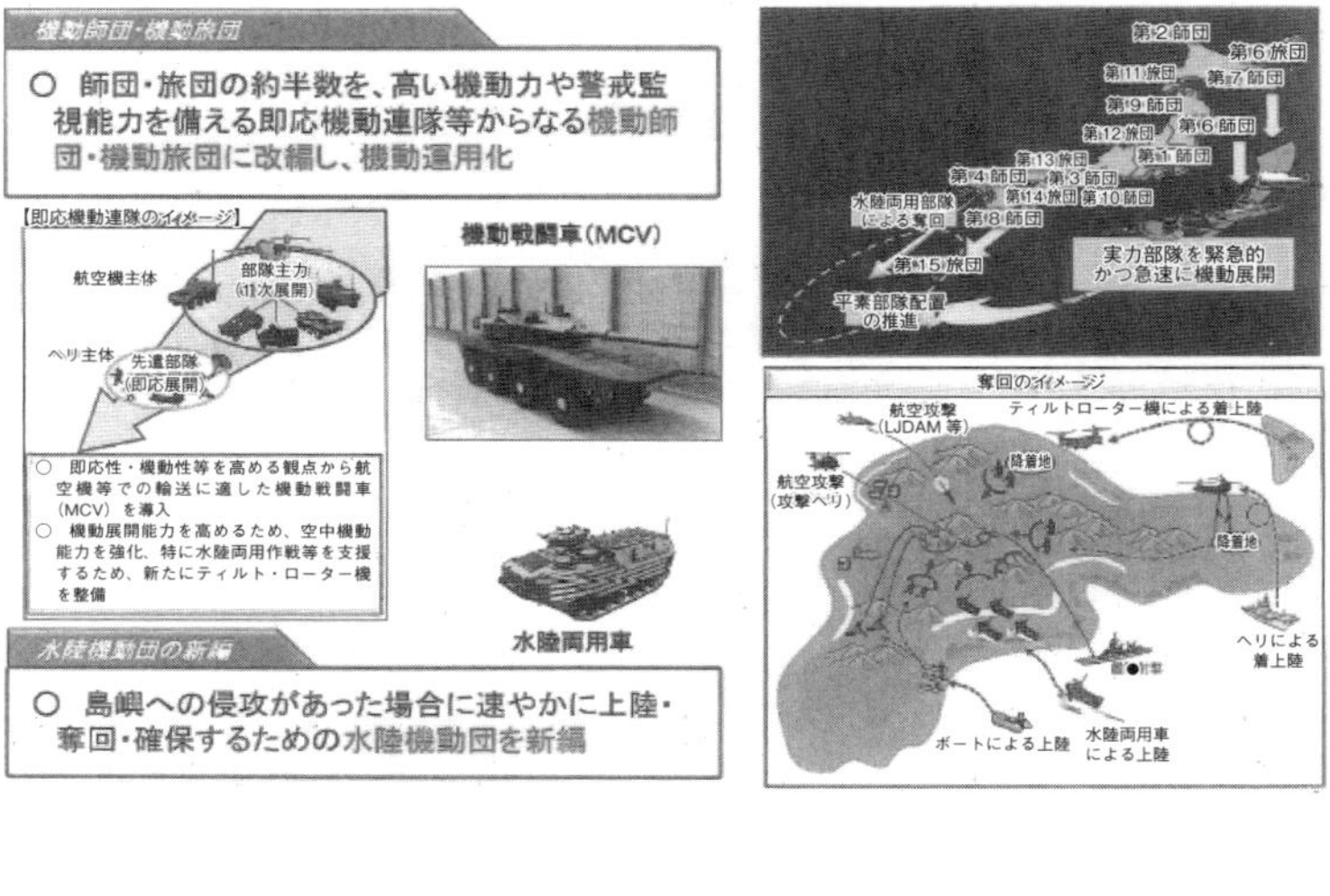

■自衛隊の現状に対する評価

・内閣府調査（二〇一四年一月五日〜二二日）

内閣府が行った最新の「自衛隊の役割と活動に対する意識」調査結果において、自衛隊の現状についてどのような評価がなされているかを簡単にみてみたい。

①自衛隊の存在目的
災害派遣：八二・九パーセント、国の安全の確保：七八・六パーセント
国際平和協力活動への取組み：四八・八パーセント、国内の治安維持：四七・七パーセント

②自衛隊が今後力を入れていく方向性
引き続き災害派遣や防衛を挙げる回答の割合が高く、前回調査からは防衛の割合がアップしている。

③東日本大震災に係わる自衛隊の災害派遣活動に対する評価
評価する：九七・七パーセント

④米軍の支援活動「トモダチ作戦」に対する印象
成果あり：七九・二パーセント

⑤自衛隊の海外での活動に対する評価

陸上自衛隊の体制

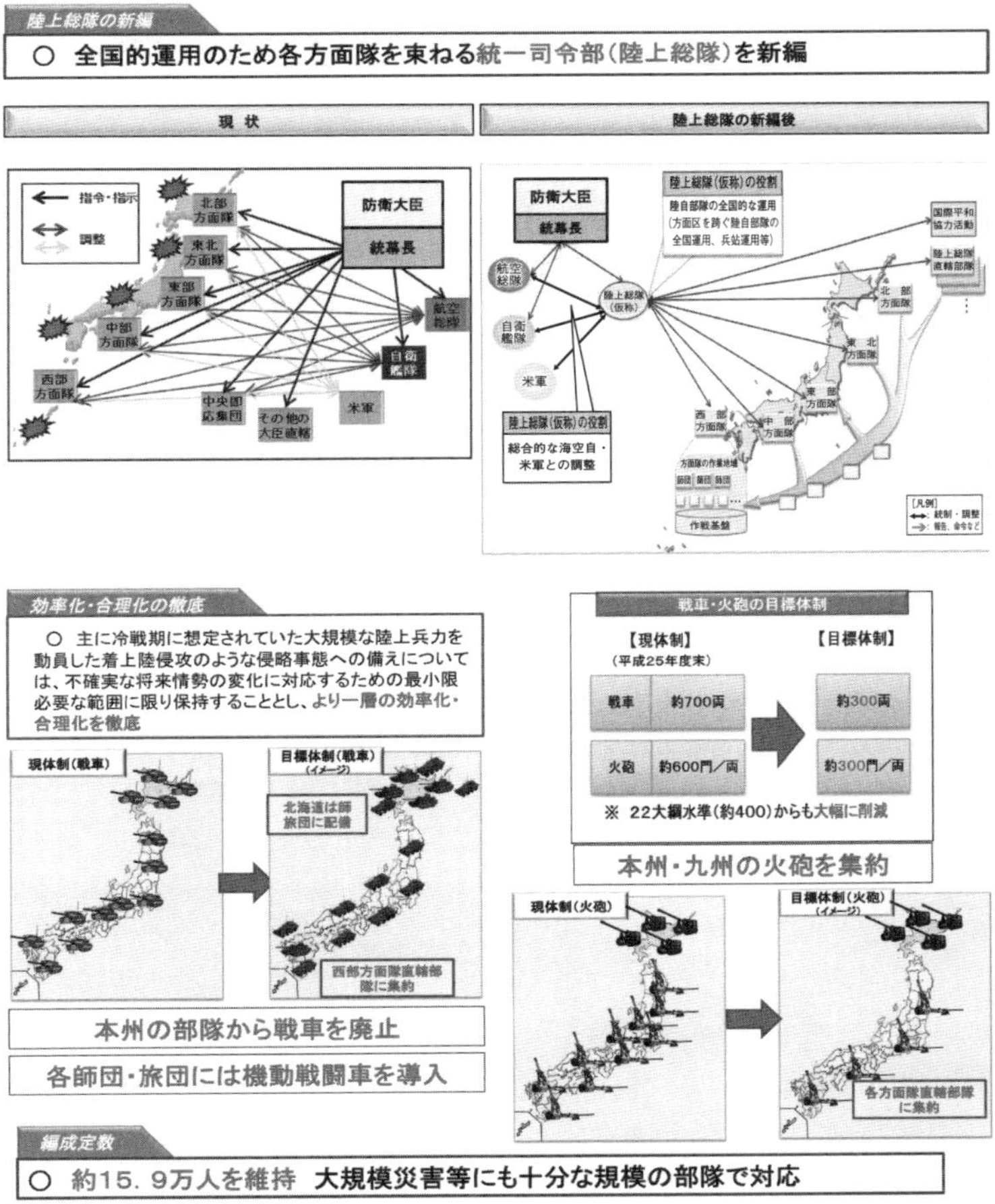
陸上総隊の新編
○ 全国的運用のため各方面隊を束ねる統一司令部(陸上総隊)を新編
現 状
指令・指示
調整
防衛大臣
統幕長
北部方面隊
東北方面隊
東部方面隊
中部方面隊
西部方面隊
航空総隊
自衛艦隊
中央即応集団
その他の大臣直轄
米軍
陸上総隊の新編後
防衛大臣
統幕長
陸上総隊(仮称)の役割
陸自部隊の全国的な運用
(方面区を跨ぐ陸自部隊の全国運用、兵站運用等)
航空総隊
自衛艦隊
米軍
陸上総隊(仮称)
陸上総隊(仮称)の役割
総合的な海空自・米軍との調整
国際平和協力活動
陸上総隊直轄部隊
北部方面隊
東北方面隊
東部方面隊
中部方面隊
西部方面隊
方面隊の作業地域
師団 旅団 師団
作戦基盤
[凡例]
統制・調整
報告、命令など
効率化・合理化の徹底
○ 主に冷戦期に想定されていた大規模な陸上兵力を動員した着上陸侵攻のような侵略事態への備えについては、不確実な将来情勢の変化に対応するための最小限必要な範囲に限り保持することとし、より一層の効率化・合理化を徹底
現体制(戦車)
目標体制(戦車)(イメージ)
北海道は師旅団に配備
西部方面隊直轄部隊に集約
本州の部隊から戦車を廃止
各師団・旅団には機動戦闘車を導入
戦車・火砲の目標体制
【現体制】
(平成25年度末)
【目標体制】
戦車 約700両
約300両
火砲 約600門/両
約300門/両
※ 22大綱水準(約400)からも大幅に削減
本州・九州の火砲を集約
現体制(火砲)
目標体制(火砲)(イメージ)
各方面隊直轄部隊に集約
編成定数
○ 約15.9万人を維持 大規模災害等にも十分な規模の部隊で対応

海上自衛隊の体制

新たな体制

○ 常続監視や対潜戦等の各種作戦の効果的な遂行により、周辺海域を防衛し、海上交通の安全を確保し得るよう、各種事業を推進し、海上優勢を確実に獲得・維持

護衛艦部隊の体制

護衛艦 ※ H25末隻数:47隻
(22大綱:48隻(12個護衛隊)→25大綱:54隻(14個護衛隊))
○ 新たな護衛艦(多任務対応・船体コンパクト化)の導入による増勢
⇒取り外し可能な装備の搭載により、機雷掃海や対潜戦に対応
○ イージス・システム搭載護衛艦の2隻増勢による8隻体制の確立
○ 汎用護衛艦(DD)の継続整備

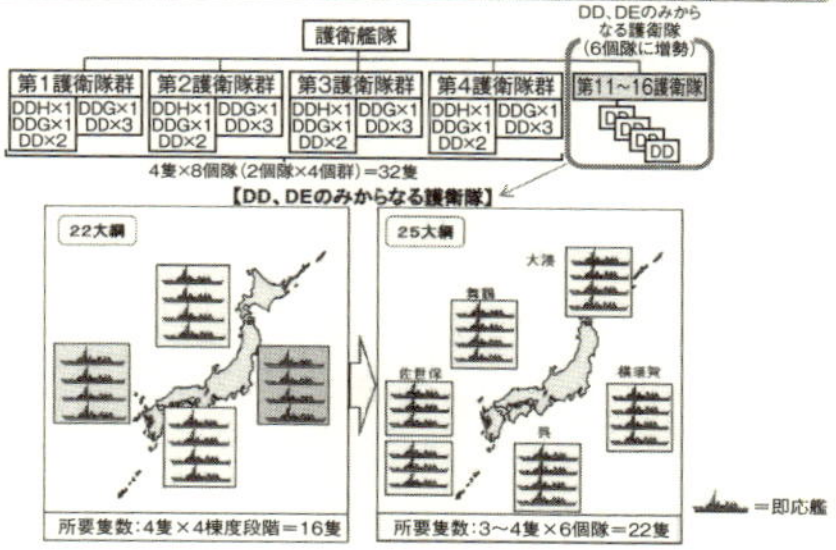

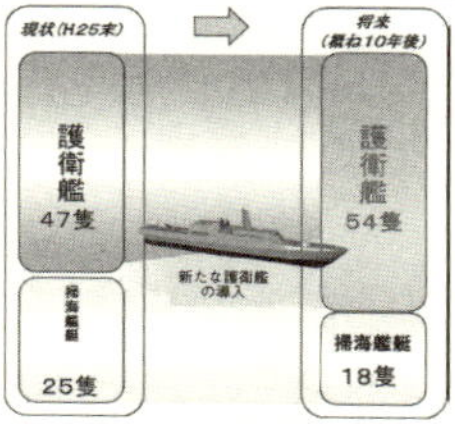

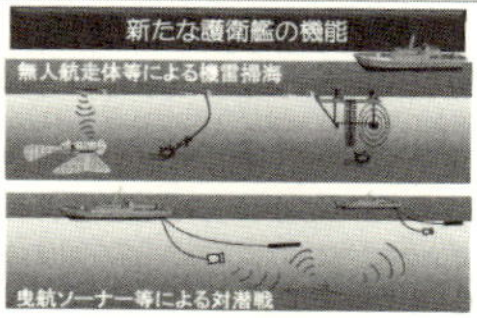

潜水艦部隊の体制

潜水艦 ※ H25末隻数:16隻
(22大綱:22隻→25大綱:22隻)
○ 建造及び延命の組み合わせによる増勢の継続

哨戒機部隊の体制

哨戒機
○ P－1の継続整備による固定翼哨戒機(P－1/3C)の体制維持(65機)
○ 哨戒ヘリコプター(SH－60K/J)の増勢
(22大綱:72機→25大綱:80機)

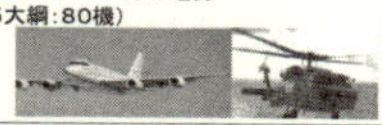

その他

その他主要事業
○ 輸送艦の改修(水陸両用車やティルト・ローター機も運用)
○ 水陸両用作戦等における指揮統制・大規模輸送・航空運用能力を兼ね備えた多機能艦艇の在り方についての検討
○ 新たな護衛艦への対機雷戦機能付与
○ 既存の艦艇(護衛艦等)及び航空機(P－3C・SH－60J)の延命

護衛艦・潜水艦・航空機部隊等の司令部所在地等

※赤字は今後新設予定

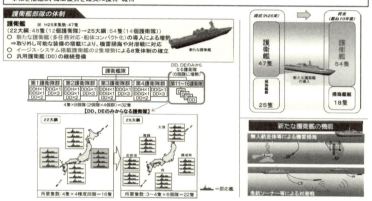

航空自衛隊の体制

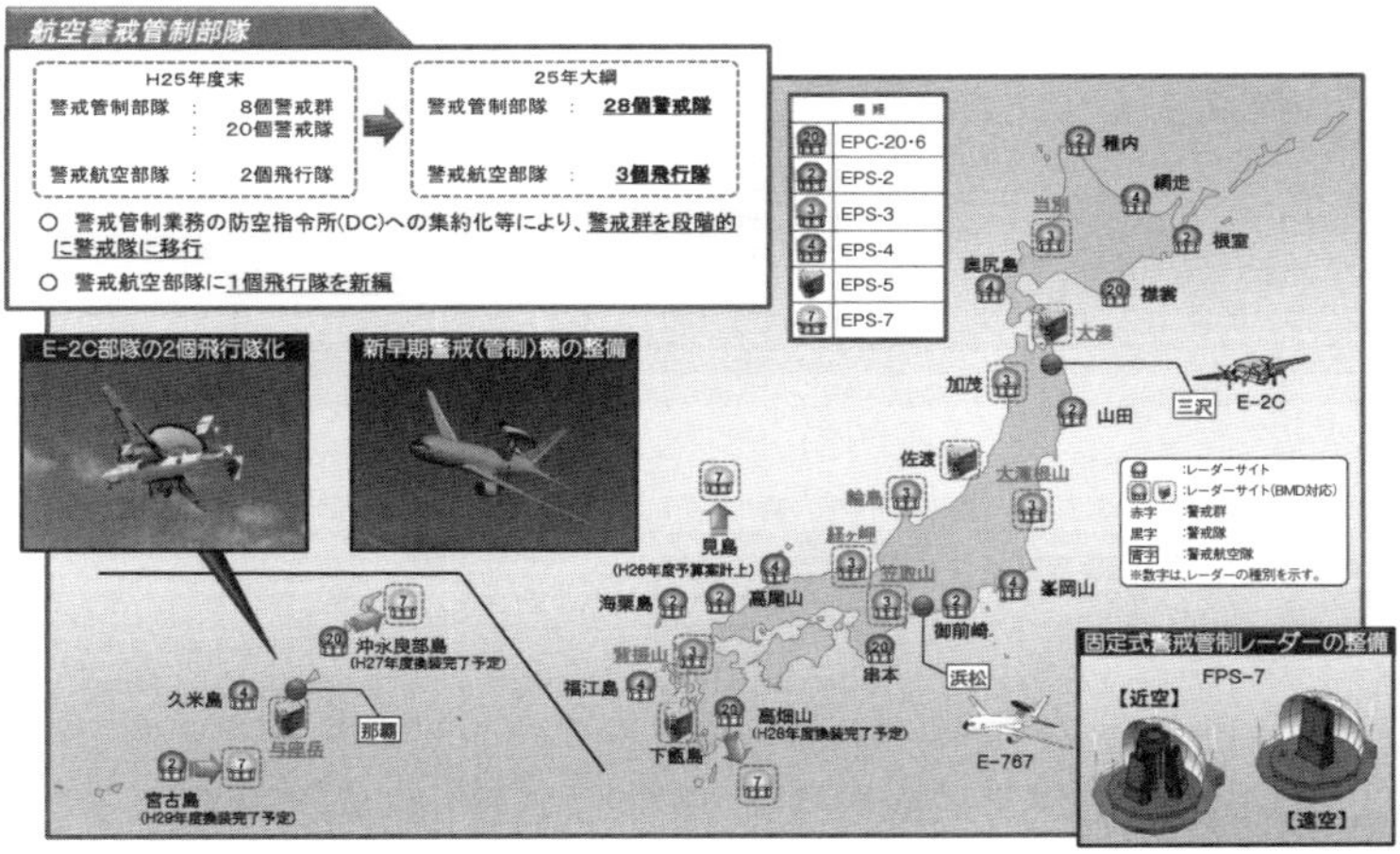
航空警戒管制部隊
H25年度末
警戒管制部隊 : 8個警戒群 : 20個警戒隊
警戒航空部隊 : 2個飛行隊
25年大綱
警戒管制部隊 : 28個警戒隊
警戒航空部隊 : 3個飛行隊
○ 警戒管制業務の防空指令所(DC)への集約化等により、警戒群を段階的に警戒隊に移行
○ 警戒航空部隊に1個飛行隊を新編
E-2C部隊の2個飛行隊化
新早期警戒(管制)機の整備
EPC-20・6
EPS-2
EPS-3
EPS-4
EPS-5
EPS-7
稚内
網走
当別
根室
奥尻島
襟裳
大湊
加茂
三沢
E-2C
山田
佐渡
大滝根山
輪島
見島
(H26年度予算案計上)
経ヶ岬
笠取山
海栗島
高尾山
峯岡山
御前崎
沖永良部島
(H27年度換装完了予定)
背振山
串本
浜松
福江島
久米島
那覇
与座岳
高畑山
(H28年度換装完了予定)
下甑島
E-767
宮古島
(H29年度換装完了予定)
:レーダーサイト
:レーダーサイト(BMD対応)
赤字 :警戒群
黒字 :警戒隊
青字 :警戒航空隊
※数字は、レーダーの種別を示す。
固定式警戒管制レーダーの整備
FPS-7
【近空】
【遠空】

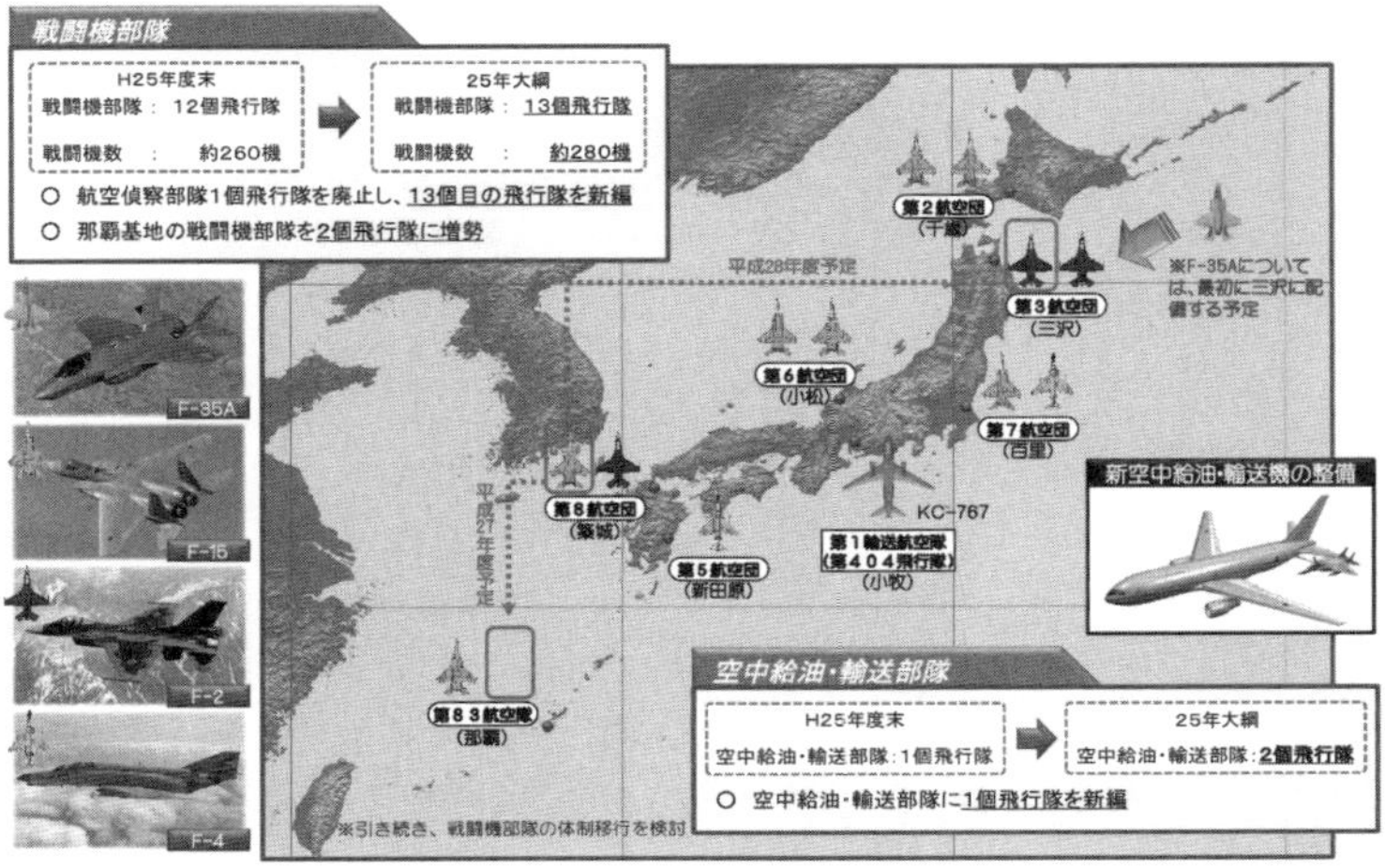
戦闘機部隊
H25年度末
戦闘機部隊 : 12個飛行隊
戦闘機数 : 約260機
25年大綱
戦闘機部隊 : 13個飛行隊
戦闘機数 : 約280機
○ 航空偵察部隊1個飛行隊を廃止し、13個目の飛行隊を新編
○ 那覇基地の戦闘機部隊を2個飛行隊に増勢
F-35A
F-15
F-2
F-4
第2航空団 (千歳)
平成28年度予定
第3航空団 (三沢)
※F-35Aについては、最初に三沢に配備する予定
第6航空団 (小松)
第7航空団 (百里)
平成27年度予定
第8航空団 (築城)
KC-767
第1輸送航空隊 (第404飛行隊) (小牧)
第5航空団 (新田原)
第83航空隊 (那覇)
新空中給油・輸送機の整備
空中給油・輸送部隊
H25年度末
空中給油・輸送部隊 : 1個飛行隊
25年大綱
空中給油・輸送部隊 : 2個飛行隊
○ 空中給油・輸送部隊に1個飛行隊を新編
※引き続き、戦闘機部隊の体制移行を検討

評価：八七・四パーセント

⑥国際平和協力活動への取組み

より積極的に：二八・一パーセント、現状維持：六一・三パーセント

ここでは、自衛隊の国内外における地道かつ真摯な活動が、十分に国民に受け入れられていることが窺われる。ただし、積極平和主義に関する国民意識は未だ十分に熟しているとはいい難い数字となった。これは今後の課題といっていいだろう。

・国民の国家防衛の負託に応えられる状態とは

部隊活動の基礎といわれる、隊員の「団結、規律、士気」については、各級指揮官の的確な指揮統率が十分に機能していることもあり、諸外国の軍隊と比較しても自衛隊の現状は極めて高い状態にあるといえる。

これは、部隊の訓練練度や装備駆使能力についても同様である。演習場や訓練海空域の制限、時間や演習にかかわる経費などの制約のあるなかで、陸・海・空自衛隊はその使命を果たすべく「錬磨無限」を旗印に懸命の努力をしているといえ、練度は十分に高い状態にある。また、部隊に配備されている装備品に関しても、近代戦争遂行能力は十分なものとなっている。

そんな現状から、あえて欠点を上げるとすれば、自衛隊の継戦能力ということになる。起こ

り得る戦闘に対処するのに必要十分な戦闘力は十分に備えられているか危惧される。質的には問題はないとしても、その量に関しては多少の不安を覚えざるを得ないというのが現実なのである。

また、施設や基地などの抗堪性は万全だろうか、あるいは自衛隊が行う国土防衛作戦に対する国家・国民のバックアップや支援体制は十分といえるのか——新大綱では自衛隊の能力評価が行われることとなっている。それによって冷静かつ客観的な評価を行い、不足する部分は速やかに改善し、万全の体制を構築しなければならない。

二　中国軍

中国の軍事力は、人民解放軍、人民武装警察部隊と民兵から構成されており、それらは中国共産党中央軍事委員会の指導および指揮を受けるものとされている。

主力となる人民解放軍は、陸・海・空軍と第二砲兵（戦略ミサイル部隊）からなり、中国共産党が創建、指導する人民軍隊である。自由主義諸国の軍隊との最大の特色は、解放軍が共産党の軍隊であって、国家の軍隊ではないという点だ。また人民武装警察は戦時に解放軍の作戦に協力するとされ、民兵は六〇〇万人ともいわれる。

中国の公表国防費の推移

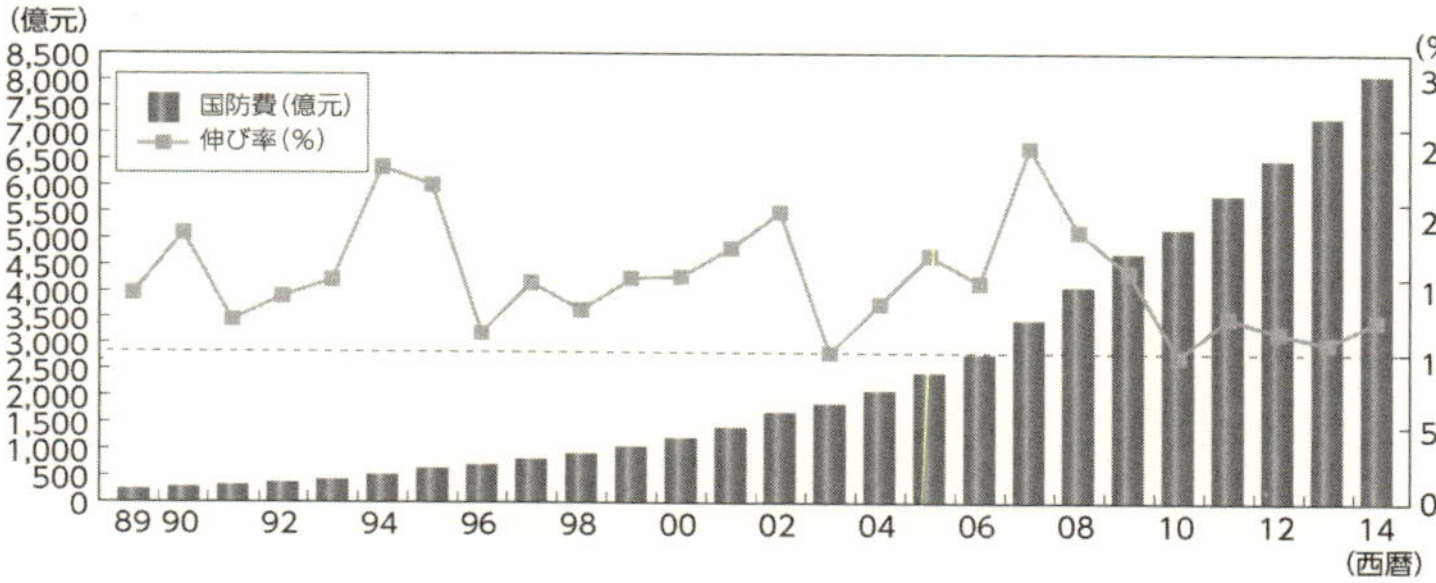

（防衛白書平成二六年度版から転載）

■軍事全般

人民解放軍は、情報化の進む条件下での局地戦に勝利することを軍事戦略としている。その戦略に基づき、軍事力の機械化および情報化を主な内容とする「中国の特色ある軍事変革」を積極的に進めているのである。また、三戦を重視（輿論戦、心理戦、法律戦を軍の政治工作の眼目に置く）して、台湾問題の対処を最優先に置いているが、さらに現在はそれ以外の能力も獲得しつつある。

また非伝統的な安全保障分野における軍隊の活用を重視するとともに、公表国防費の名目上の規模が過去一〇年間で約四倍、過去二六年間では約四〇倍と大規模拡大を続けている国防費の増加傾向が顕著という特色を持つ。

さらに軍事に関する透明性が著しく欠如してい

る点も特記され、最近顕著となっている軍事力の近代化や活動状況から考察すれば、対米作戦を意識し、自国の海上権益保護を最優先していると考えられる。

■人民解放軍の配置・戦力と最新動向

中国軍の配置と戦力

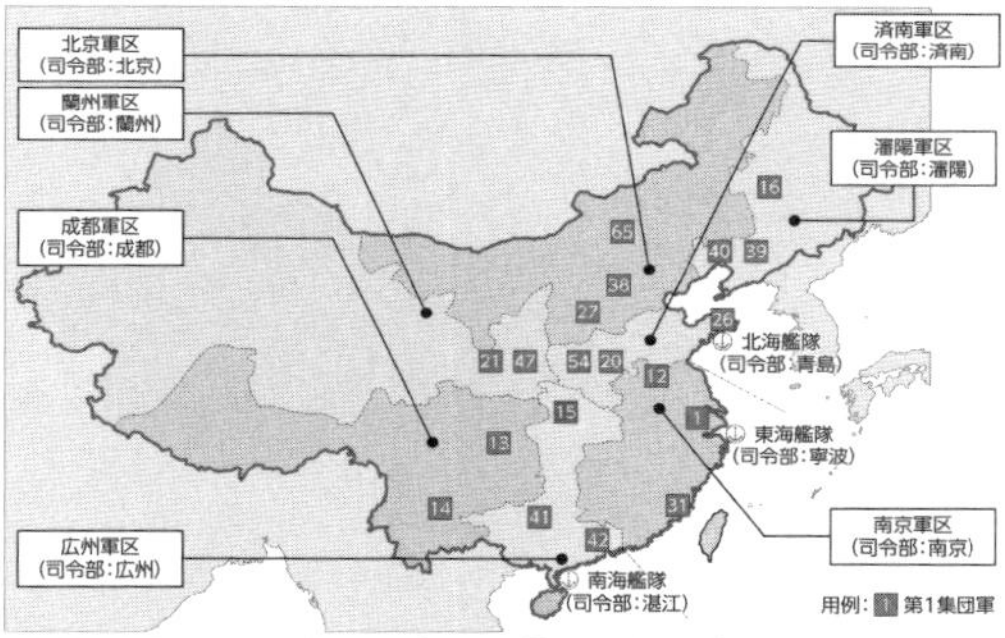

(注) 陸軍と空軍の軍区は同一である。●軍事司令部 ⚓艦隊司令部 ■集団軍(陸軍)司令部 ■空挺軍(空軍)司令部
集団軍とは、数個の師団、旅団などからなり、兵員は数万人規模である。

		中国
総　兵　力		約230万人
陸上戦力	陸上兵力	約160万人
	戦　車	99/A型、98A型、96/A型、88A/B型など 約7,600両
海上戦力	艦　艇	約890隻　142.3万トン
	駆逐艦・フリゲート	約70隻
	潜水艦	約60隻
	海兵隊	約1万人
航空戦力	作戦機	約2,580機
	近代的戦闘機	J-10×264機 Su-27/J-11×328機 Su-30×97機 (第4世代戦闘機　合計689機)
参考	人　口	約13億6,000万人
	兵　役	2年

(注)　資料は、「ミリタリーバランス(2014)」などによる。

(防衛白書平成二六年度版から転載)

中国機に対する緊急発進回数の推移

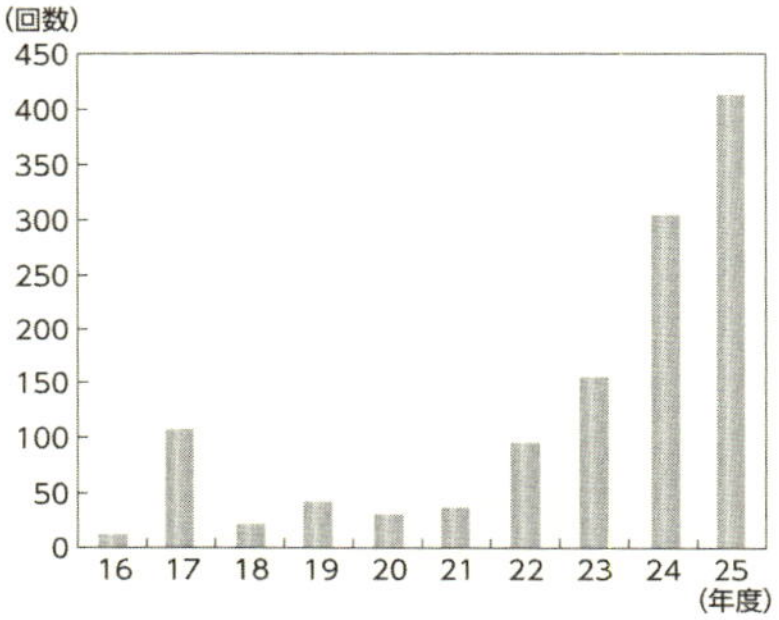

（防衛白書平成二六年度版から転載）

・統合運用に向けた機構改革の動き

報道によれば、中国の習近平政権は、陸・海・空軍と第二砲兵（戦略ミサイル部隊）の四軍を指揮する「中央合同作戦指揮部」を創設するなど、軍の統合運用能力向上を柱とした機構改革を本格化させているという。具体的なその施策の主なものは、

・共産党中央軍事委員会に「合同作戦指揮部」を新設
・東シナ海管轄の南京軍区に合同作戦指揮部に直属する「東シナ海合同作戦指揮部」を設置
・今後は南シナ海、黄海を管轄する広州、済南の両軍区にも同様の指揮部を設置
・七大軍区を有事即応型の五大戦区に改編する予定（南京、広州、済南軍区を先行実施）
・航天（宇宙）部隊設立の動き

などである。

■核戦力およびミサイル戦力

この分野に関して、中国は一貫して独自の開発努力を継続している。すでに大陸間弾道ミサイル（ＩＣＢＭ）を持ち、新型潜水艦発射弾道ミサイル（ＳＬＢＭ）の開発、配備を進めている。さらに通常弾頭の対艦攻撃弾道ミサイル（ＡＳＢＭ）を開発中、もしくはすでに配備済であり、巡航ミサイルを搭載可能な中距離爆撃機も保有している。

■陸上戦力

中国軍は世界最大の陸上戦力一六〇万人を保有している。内部的なその目標には軍の近代化が掲げられ、能力の向上努力により全国土機動型への加速、空挺や特殊部隊の強化、部隊の多機能化、統合作戦能力向上、後方支援能力向上などの改革を推進中である。

■海上戦力

中国海軍は、北海、東海、南海の三個艦隊から編成され、艦艇約一一〇〇隻（潜水艦約六〇)、総排水量一三五万トンを保有する。なかでも特徴的な点としては、潜水艦戦力と艦隊防空能力・対艦攻撃能力の高い水上戦闘艦艇を増強していることである。また一方では、空母遼寧を就役させ、国産空母の建造の動きもあるとも指摘される。さらに揚陸艦や補給艦を増強させ、大型病院船も就役させせた。

これらの状況からみれば、中国海軍がより遠方の海域における作戦遂行能力を目指していることは確実といえる。なお、中国は海洋権益を拡大するために民間船舶を活用した海上民兵の増強を目指していると報道されている。

■航空戦力

中国空軍の作戦機は二〇〇〇機以上、第四世代の近代的戦闘機の割合が着実に増加している。なかでもＳＵ-２７の導入や次世代ステルス機Ｊ-２０などに代表される空能力の向上に努力しているほか、電子戦能力、情報収集能力に努めている。即ち、国土の防空能力に加え、より遠方での制空戦闘、対地・対艦攻撃力、長距離輸送能力を目指していることが分かる。

■宇宙およびサイバー

陸・海・空に次ぐ第四および第五の戦場と想定される宇宙およびサイバー分野は、中国軍の資源の重点配分が確実視される部分である。情報収集、通信、航法、対衛星兵器の開発（破壊実験二〇〇七年一月）などに代表される行為は軍事目的での積極的宇宙利用といえるものだ。また一方で、中国はサイバー空間に強い関心を有しており、解放軍がサイバー部隊を編成し、訓練を行っているとの指摘や、軍、治安機関が、IT企業などの人材やハッカーを採用しているとの指摘がある。

このサイバー戦部隊に関しての詳細は不明だが、中国人民解放軍総参謀部第三部所属、六一三九八部隊（上海）およびその隷下部隊（陸水信号部隊〈隊員一一〇〇名〉海南島）などがこれに当たると考えられている。

二〇一四年五月には、米司法省が中国人民解放軍幹部五名を産業スパイ容疑で起訴したほか、民間ハッカー集団という中国紅客連盟と関係があるとの指摘もある。

■中国の海洋活動

・海洋活動の目標

中国は海洋強国を目標として、以下に示すような具体的に達成すべき事項を明確にし、戦力整備を進めている。

①中国の領土や領海を防衛するために、可能な限り遠方の海域で敵の作戦を阻止
②台湾の独立を抑止・阻止するための軍事的能力の整備
③中国が独自に領有権を主張している島嶼周辺海域において、各種の監視活動や実力行使などにより、当該島嶼に対する他国の実効支配を弱め、自国の領有権に関する主張を強める
④海洋権益を獲得し、維持および保護する
⑤自国の海上輸送路の保護

・アクセス阻止能力とエリア拒否能力

アクセス（接近）阻止（A2：anti‐access）能力とは、米国によって示された概念である。主に長距離能力により、敵軍がある作戦領域に入ることを阻止するための能力のことを指すものである。また、エリア（領域）拒否（AD：area‐denial）能力とは、より短射程の能力により、作戦領域内での敵軍の行動の自由を制限するための能力のことを指す。

A2／ADに用いられる兵器としては、例えば、弾道ミサイル、巡航ミサイル、対衛星兵器、防空システム、潜水艦、機雷などが挙げられる。

特に中国が開発中のDF‐21D・ASBMは、射程約一五〇〇キロメートル（最大三〇〇〇キロメートル）という、世界初の対艦弾道ミサイルである。中国の「接近拒否戦略」

の切り札になるとみられている。

・第一および第二列島線と日本周辺における最近の中国海空軍の活動状況

第一列島線および第二列島線とは、中国の軍事戦略上の概念であり、戦力展開の目標ラインとしての対米防衛線である。

近年、中国は、その海上戦力および航空戦力による海洋での活動を質・量ともに急速に拡大させていることは明らかな事実である。特に、日本周辺の海空域においては、何らかの訓練と思われる活動および情報収集活動を行っていると考えられる、中国の海軍艦艇、海・空軍機、また海洋権益の保護などのための監視活動を行う中国の海上法執行機関所属の公船や航空機が多数確認されている。

二〇一三年三月の全人代での承認を経て、中国は七月に、海監、海警、漁政および海関の海上保安機関を整理統合して中国海警局を発足させた。

このような中国の活動には、日本領海への侵入や領空の侵犯、さらには不測の事態を招きかねない危険な行動を伴うものがみられる。それらを列記すれば次のようになる。

①中国海軍の艦艇部隊による太平洋への進出回数の増加傾向
②中国海軍艦艇による火器管制レーダー照射事案などの発生
③航空自衛隊による中国機に対する緊急発進回数の急激な増加

日本および周辺国の防空識別圏（ADIZ）

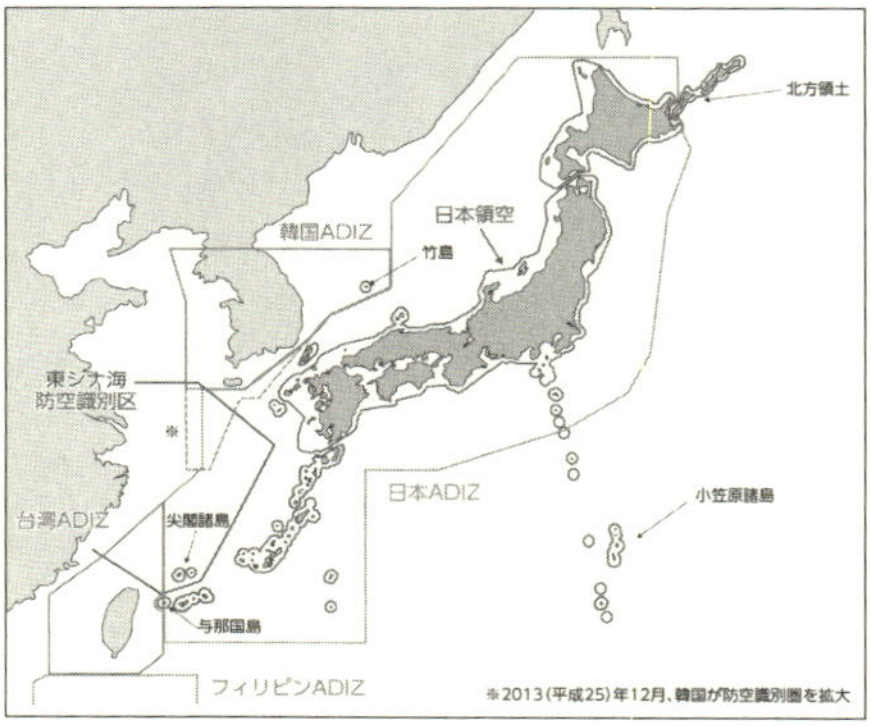

（防衛白書平成二六年度版から転載）

④空軍による海上空域での警戒パトロール、各国情報収集機に対する異常接近

⑤尖閣諸島周辺の「海監」船徘徊・漂泊、海保巡視船と中国漁船との衝突事件、「海監」「漁政」船の領海侵入事案の頻発、中国機の領空侵犯発生

⑥中国海軍東海艦隊の演習

⑦中国による防空識別区の設定

中国は、二〇一三年一一月二三日、尖閣諸島をあたかも「中国の領土」であるかのように包括する「東シナ海防空識別区」を設定し、当該空域を飛行する航空機に対し中国国防部の定める規則を強制し、これに従わない場合は中国軍による「防御的緊急措置」を採る旨を発表した。このことは現状を一方的に変更し、事態をエスカレートさせ、不測の事態を招きかねず、公海上空における飛行の自由の原則を不当に侵害する行為である。

中国公船の領海侵入回数

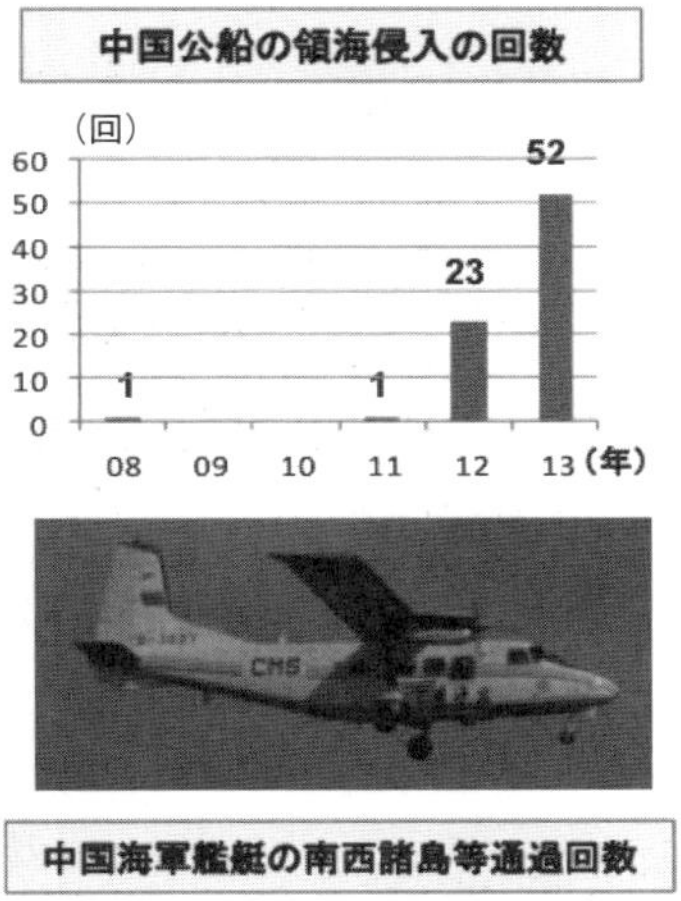

(防衛白書平成二六年度版から転載)

中国海軍艦艇の南西諸島通過回数

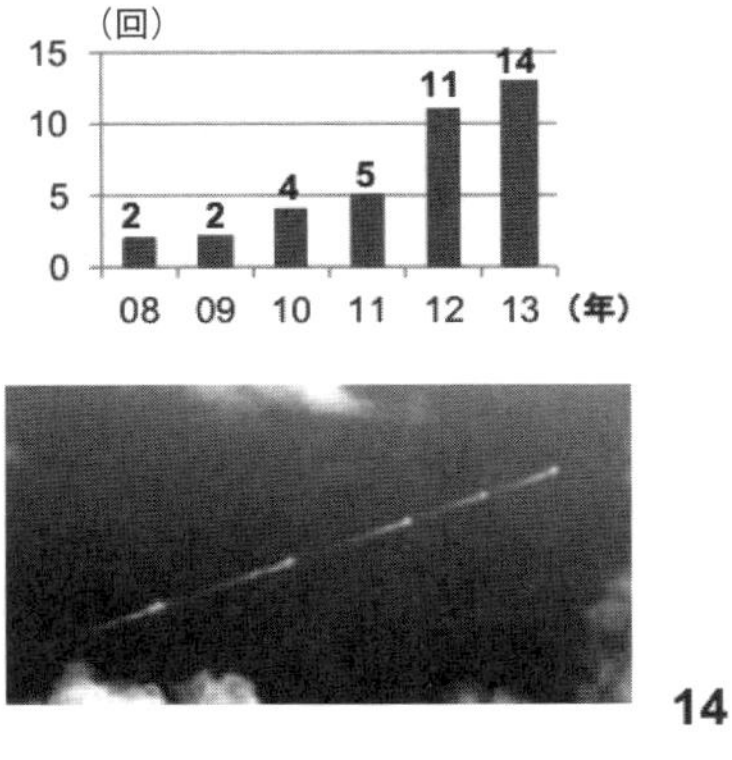

(防衛白書平成二六年度版から転載)

日本周辺海・空域における最近の中国の活動

（航跡はイメージ）

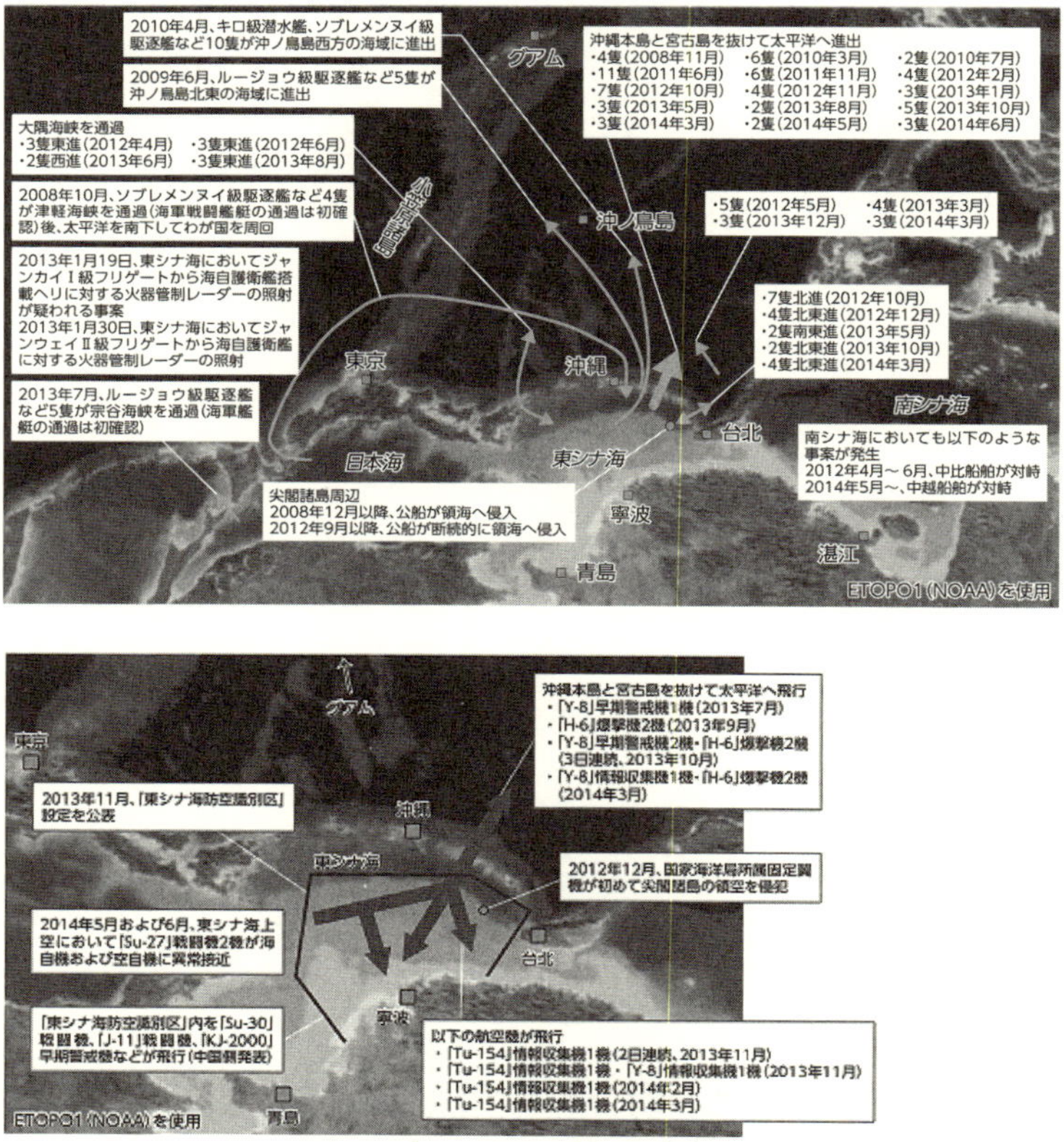

（防衛省の資料から転載）

⑧自衛隊情報収集機に対する二回にわたる異常接近
中国のSU-27戦闘機が、二〇一四年五月二四日および六月一一日の二回にわたり海自および空自の情報収集機に異常接近した。
⑨日本近海などにおける最近の中国の活動状況図

• 日本近海以外における中国の活動

中国は、ASEAN諸国などと領有権について争いのある南沙・西沙諸島などを含む南シナ海においても活動を活発化させている。南シナ海は日本にとっても重要な海上交通路でもあり、ASEAN諸国との連携した行動が求められる。

中国の主張の根拠となっているのが九段線である。ちなみにこの九段線とは、南シナ海の領有権問題に関して、中国がその全域にわたる権利を主張するために地図上に引いている、九本の境界線である。この九段線をはじめ、第一・第二列島線などはことごとく中国がまったく独自に決定したものに過ぎない。中国の考え方を知る参考にはなるが、同国の権利を何ら保証するものではない。

例えば中国の独善的な考え方には、二〇〇七年に当時の中国軍幹部が米海軍に漏らしたという太平洋二分論なるものがある。これは、ハワイを基点に太平洋を米中で二分するという荒唐無稽な話であったようだが、まず主張から始め、プレゼンスを行い、実力を行使し、隙をみて思い通りにするという中国の行動パターンからすれば、日本としては簡単に笑い話と聞き流してばかりもいられないものであろう。

三　韓国軍および北朝鮮軍

■朝鮮半島の軍事情勢全般

朝鮮半島においては、韓国と北朝鮮双方の大規模な軍事力が対峙している。北朝鮮は、現在も深刻な経済困難に直面しており、人権状況もまったく改善しない一方で、軍事面に資源を重点的に配分している。

また、北朝鮮は、核兵器を始めとする大量破壊兵器や弾道ミサイルの能力を増強するとともに、朝鮮半島における軍事的な挑発行為や、日本に対するものも含めた様々な挑発的言動を繰り返し、地域の緊張を高めていることは明らかだ。

特に北朝鮮による米国本土を射程に含む弾道ミサイルの開発や、核兵器の小型化および弾道ミサイルへの搭載の試みは、日本を含む地域の安全保障に対する脅威を質的に深刻化させるものである。また、大量破壊兵器などの不拡散の観点からも、国際社会全体にとって深刻な課題となっている。

朝鮮戦争の休戦以降、韓国には現在に至るまで陸軍を中心とする米軍部隊が駐留している。韓国は、米韓相互防衛条約を中核として、米国と安全保障上極めて密接な関係にあり、在韓米軍は、朝鮮半島における大規模な武力紛争の発生を抑止するうえで大きな役割を果たしている。

現在、両国は戦時作戦統制権の韓国への移管などを通じ、朝鮮半島での「韓国軍が主導し米国が支援する」新たな共同防衛体制への移行を進めつつある。

■朝鮮半島における軍事力の対峙

一九五三年の朝鮮戦争休戦以来、休戦協定による軍事境界線を境として韓国軍および在韓米軍と北朝鮮軍の対峙状態の継続はすでに半世紀以上に及ぶ。ここで二〇一三年時点でのその概要を以下に示しておこう。

■北朝鮮

•軍事情勢全般

北朝鮮は、深刻な経済困難などに直面しているにもかかわらず、軍事先行・優先の「先軍政治」

朝鮮半島における軍事力の対峙

		北朝鮮	韓　国	在韓米軍
総　兵　力		約119万人	約66万人	約2.9万人
陸軍	陸上兵力	約102万人	約52万人	約1.9万人
	戦　　車	T-62、T-54/-55など 約3,500両	M-48、K-1、T-80など 約2,400両	M-1
海軍	艦　　艇	約650隻　10.1万トン	約190隻　19.5万トン	支援部隊のみ
	駆　逐　艦 フリゲート 潜　水　艦	 ３隻 20隻	12隻 10隻 12隻	
	海　兵　隊		約2.7万人	
空軍	作　戦　機	約600機	約620機	約60機
	第３/４世代戦闘機	Mig-23×56機 Mig-29×18機 Su-25×34機	F-４×70機 F-16×164機 F-15×60機	F-16×40機
参考	人　　口	約2,470万人	約4,900万人	
	兵　　役	陸軍　５～12年 海軍　５～10年 空軍　３～４年	陸軍　21か月 海軍　23か月 空軍　24か月	

（注）　資料は、「ミリタリーバランス（2014）」などによる。

（防衛白書平成二六年度版から転載）

を標榜して、軍事面に資源を重点配分し、戦力・即応態勢の維持・強化に狂奔している。さらに同国は、大量破壊兵器や弾道ミサイルの開発などを続けるとともに、大規模な特殊部隊を保持するなど、いわゆる非対称的な軍事能力を維持・強化していると考えられるほか、朝鮮半島において軍事的な挑発行動を繰り返している。

• 北朝鮮の軍事態勢

北朝鮮は、全軍の幹部化、全軍の近代化、全人民の武装化、全土の要塞化という四大軍事路線に基づいて軍事力を増強してきた。

その軍事力は、陸軍中心の構成となっており、総兵力は約一二〇万人である。北朝鮮軍は現在も、依然として戦力や即応態勢を維持・強化していると考えられるものの、その装備の多くは旧式となっている。

一方、情報収集や破壊工作からゲリラ戦まで各種の活動に従事する大規模な特殊部隊を保有しているのが北朝鮮の特徴といえる。その勢力は約一〇万人にも達すると考えられている。また、北朝鮮の全土にわたって、多くの軍事関連の地下施設が存在するとみられていることも、特徴のひとつである。

・軍事力

陸上戦力は、総兵力のうち約一〇〇万人を擁し、兵力の約三分の二を三八度線付近軍事境界線の非武装地帯（DMZ：demilitarized zone）付近に展開していると考えられる。その戦力は、歩兵が中心であるが、戦車三五〇〇両以上を含む機甲戦力と火砲を有し、また、二四〇ミリ多連装ロケットや一七〇ミリ自走砲といった長射程火砲をDMZ沿いに常時配備している。韓国の首都であるソウルを含む韓国北部の都市・拠点などがその射程に入っている。

海上戦力は、約六五〇隻約一〇・三万トンの艦艇を有するが、ミサイル高速艇などの小型艦艇が主体である。また、ロメオ級潜水艦約二〇隻のほか、特殊部隊の潜入・搬入などに使用されると考えられる小型潜水艦約七〇隻とエアクッション揚陸艇約一四〇隻を有している。

航空戦力は、約六〇〇機の作戦機を持つが、その大部分は中国や旧ソ連製の旧式機である。とはいえMiG‐29戦闘機やSu‐25攻撃機といった、いわゆる第四世代機も少数とはいえ保有している。また旧式ではあるが、特殊部隊の輸送に使用されるとみられているAn‐2輸送機を多数保有している。

北朝鮮軍は、即応態勢の維持・強化などの観点から、現在も各種の訓練を活発に行っている。他方、深刻な食糧事情などを背景に、軍によるいわゆる援農活動なども行われているとみられている。

•大量破壊兵器の保有

北朝鮮の軍事力を特徴づけるものは、大量破壊兵器と弾道ミサイルがある。その大量破壊兵器については、核兵器計画をめぐる問題のほか、化学兵器や生物兵器の能力も指摘されている。

北朝鮮は、二〇一三年二月、国際社会の自制要求を顧みず核実験を行った。その核実験は、北朝鮮が大量破壊兵器の運搬手段となり得る弾道ミサイルの長射程化などの能力増強を行っていることと合せて考えれば、日本の安全に対する重大な脅威であり、北東アジアおよび国際社会の平和と安定を著しく損なうものと断じられる。

弾道ミサイルについては、実戦配備、長射程化や固体燃料化などのための研究開発が進められている。

二〇一二年一二月の「人工衛星」と称するミサイル発射により、北朝鮮が弾道ミサイルの長射程化や精度向上に資する技術を進展させていることが示され、北朝鮮の弾道ミサイル開発は新たな段階に入ったと考えられる。その弾道ミサイル問題は、核問題ともあいまって、能力向上の観点、移転・拡散の観点の双方から、北東アジアのみならず広く国際社会にとってもより現実的で差し迫った問題となっている。

一方、北朝鮮の瀬戸際政策の象徴でもある核兵器計画では、二〇〇六年一〇月九日、二〇〇九年五月二五日および二〇一三年二月一二日の計三回の地下核実験を行った。プルトニウムの抽出、高濃縮ウランの製造などを行い、核兵器の小型化に取組んでいることは明らかで、すでに実現に至っている可能性も排除出来ない。

また、北朝鮮の弾道ミサイルについては不明な点が多いが、弾道ミサイル開発に高い優先度を与えていると考えられる。

北朝鮮の弾道ミサイルの射程を次図に示すが、特に日本のほとんどを射程に収めるノドンについては、すでに二〇〇基以上が実戦配備されているとされる。尚、ノドンのランチャーは車両移動式であるので、捕捉は非常に困難である。

北朝鮮の生物兵器や化学兵器の開発・保有状況についても、詳細は不明である。

しかし、生物兵器については、北朝鮮は一九八七年に生物兵器禁止条約を批准したものの、一定の生産基盤を有していることは確実と考えられている。また、化学兵器については、同国は化学兵器禁止条約には加入しておらず、化学剤を生産出来る複数の施設を維持し、すでに相当量の化学剤などを保有しているとみられている。

韓国の国防白書によれば、北朝鮮は約二五〇〇〜五〇〇〇トンの様々な化学兵器を全国に分散貯蔵し、また、炭疽菌、天然痘、ペスト、コレラ、出血熱など、様々な種類の生物兵器を独自に培養し、生産し得る能力を保有していると推定されるという。

北朝鮮の保持するミサイル

北朝鮮の弾道ミサイルの射程

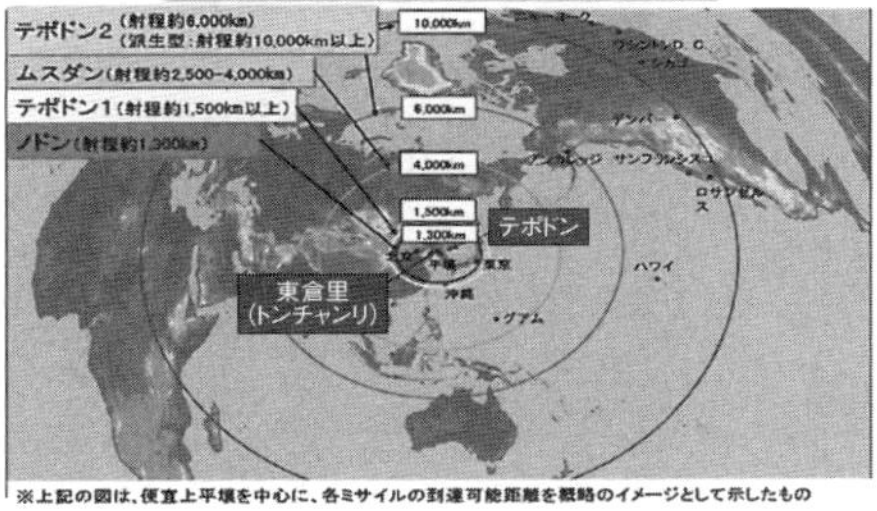

※上記の図は、便宜上平壌を中心に、各ミサイルの到達可能距離を概略のイメージとして示したもの

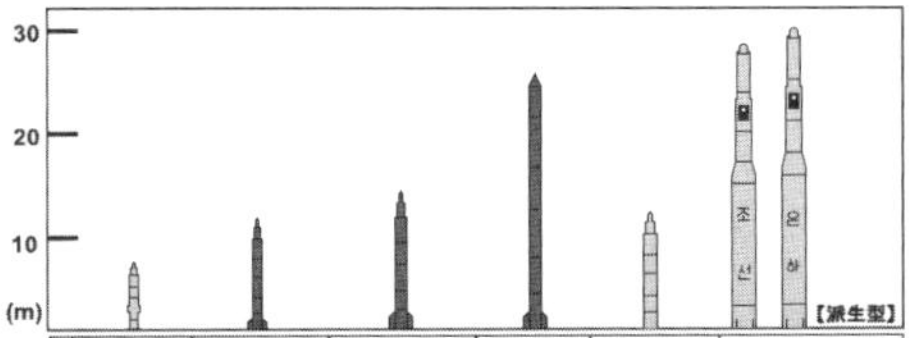

	トクサ	スカッドB/C	ノドン	テポドン1	ムスダン	テポドン2
射程	約120km	約300km／約500km	約1,300km	約1,500km以上	約2,500～4,000km	約6,000km／約10,000km以上

弾道ミサイル攻撃への対応

防衛力の役割

- 兆候を早期に察知、多層的な防護態勢により機動的・持続的に対応
- 被害が発生した場合は局限
- 同時並行的にゲリラ・特殊部隊の攻撃があった場合は、原発等の重要施設の防護、侵入部隊の捜索・撃破を実施

重視すべき機能・能力

- 弾道ミサイル対処能力の総合的な向上
- 即応態勢、同時対処能力、継続的に対処できる能力を強化
- 弾道ミサイル発射手段等に対する対応能力の在り方についても検討の上、必要な措置を講ずる

大気圏外で弾道ミサイルを迎撃するSM-3を発射するイージス艦

大気圏に再突入した弾道ミサイルを迎撃するペトリオットPAC-3

30

（防衛白書平成二六年度版から転載）

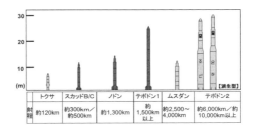

北朝鮮の特殊部隊には軍関係のものと朝鮮労働党関係のものがあるとされていたが、二〇〇九年にこれらの組織が統合され、軍の下に「偵察総局」が設置された。

なお、韓国の『二〇一二国防白書』は、『北朝鮮軍の特殊戦兵力は現在、二〇万人余りに達すると評価される』と指摘している。

北朝鮮は、二〇一〇年三月の韓国哨戒艦沈没事件、同年一一月の延坪島砲撃事件を引き起こしている。

その後、しばらく静穏な状態であったが、二〇一四年三月以降、北朝鮮の無人機と思われるものの発見が相次ぎ、五月二二日には黄海の北方限界線（ＮＬＬ）付近で韓国哨戒艦に砲撃するといった挑発行為がみられる。

■韓国軍

・軍事情勢全般

韓国は米韓相互防衛条約を中核として、米国と安全保障上極めて密接な関係にある。米第二歩兵師団を中核とする在韓米軍は、朝鮮半島における大規模な武力紛争の発生を抑止するうえで大きな役割を果たす存在となっている。

韓国は北朝鮮の軍事的挑発行動に対しては断固として対処していくとし、北朝鮮の脅威を抑止・対処するための確固たる態勢を構築することの重要性を強調している。

・韓国の国防政策・国防改革

韓国は、全人口の約四分の一が集中する首都ソウルがDMZから至近距離にあるという防衛上の弱点を抱えている。

「外部の軍事的脅威と侵略から国家を守り、平和的統一を後押しし、地域の安定と世界平和に寄与する」との国防目標を定めているのが韓国である。かつては北朝鮮を「主敵」と位置付けていたが、現在では、「北朝鮮政権と北朝鮮軍は韓国の敵」との表現を用いるようになっている。

それとともに、二〇〇五年以来、「情報・知識中心の質的軍構造」への転換を精力的に推進しているのが韓国の特徴である。

北朝鮮によるミサイル発射や核実験実施といった情勢の変化などを踏まえ、兵力削減規模の縮小や、北朝鮮の核およびミサイル施設への先制攻撃の可能性などについて明示した『国防改革基本計画二〇〇九-二〇二〇』を発表した。さらに、二〇一〇年の韓国哨戒艦沈没事件や延坪島砲撃事件などを受け、二〇一二年八月には、北朝鮮への抑止能力の向上や、軍のさらなる効率化を盛り込んだ『国防改革基本計画二〇一二-二〇三〇』が発表されており、現在、具体化に向けた取組みが行われている。

・韓国の軍事力

陸上戦力は、陸軍二三個師団と海兵隊二個師団、合わせて約五五万人、海上戦力は、約一九〇隻約一九・三万トン、航空戦力は、空軍・海軍を合わせて、作戦機約六二〇機からなる。海軍は、潜水艦、大型輸送艦、国産駆逐艦などの導入を進めており、二〇一〇年二月には、韓国初の機動部隊が創設されている。

空軍は二〇〇二年以降進めてきたF-15K戦闘機の導入を二〇一二年四月に完了させており、ステルス機能を備えた次世代戦闘機事業の推進も予定されている。

さらに二〇一二年一〇月、韓国政府は、北朝鮮の武力挑発への抑止能力を高めるため、ミサイル指針の改定を行い、弾道ミサイルの最大射程を三〇〇キロメートルから八〇〇キロメートルに延伸した。さらに、ミサイル能力の拡充、ミサイル能力を発揮するための一連のシステム構築、ミサイル防衛システム構築の進展などに取り組むこととしている。

なお、二〇一三年度の国防費（本予算）は、対前年度比約四・二パーセント増の約三四兆三四五三億ウォンとなっており、二〇〇〇年年以降一四年連続で増加している。

・米韓軍事同盟の強化

米韓両国は近年、米韓同盟を深化させるため様々な取組みを行っている。二〇〇九年六月の米韓首脳会談では、「米韓同盟のための共同ビジョン」が合意され、二〇一〇年一〇月には、米韓同盟の未来ビジョンを実現するためのガイドラインである「国防協力指針」などを盛り込んだ共同声明が発表されるなど、関係の強化が図られている。二〇一三年五月の米韓首脳会談では、米韓相互防衛条約締結六〇周年を記念した共同宣言が発出され、二一世紀の安全保障上の課題に対応するため、同盟強化を継続することなどが確認された。

これに加えて、米韓両国は、在韓米軍の再編や米韓連合軍に対する戦時作戦統制権の韓国への移管などの問題に取り組んでいる。

在韓米軍の再編問題については、二〇〇三年、ソウル中心部に所在する米軍龍ヨンサン山基地のソウル南方の平ピョンテク沢地域への移転や、漢ハンガン江以北に駐留する米軍部隊の漢江以南への再配置などが合意されたが、平沢地域への移転は遅延している模様だ。

また、二〇一五年一二月一日に予定されている戦時作戦統制権の韓国への移管については、二〇一〇年一〇月、移管のためのロードマップである「戦略同盟二〇一五」が策定された。在韓米軍再編や戦時作戦統制権の移管完了後、韓国防衛は、従来の「米韓軍の連合防衛体制」から「韓国軍が主導し米軍が支援する新たな共同防衛体制」に移行することとなり、在韓米軍の性質にも大きな影響を与えるものと考えられる。

戦時作戦統制権：米韓両国は、朝鮮半島における戦争を抑止し、有事の際に効果的な連合作戦を遂行するための米韓連合防衛体制を運営すべく、一九七八年から米韓連合軍司令部を設置している。

この米韓連合防衛体制のもと、韓国軍に対する作戦統制権については、平時の際は韓国軍合同参謀議長が、有事の際には在韓米軍司令官が兼務する米韓連合軍司令官が行使することになっている。

四　ロシア軍

ロシアは、ソ連崩壊後からの復活・強化の段階を終了し、以下の三分野での強化による豊かなロシア建設を現在の目標としている。影響力ある大国となるために重視しているその三分野とは、経済力・文明力・軍事力である。

このうち軍事力に関しては、自国の安全保障への潜在的挑戦および脅威を踏まえ一層の強化に向けた事業を計画し、二〇〇九（H二一）年五月の「二〇二〇年までのロシア連邦国家安全保障戦略」によって、内外政策分野の目標や戦略的優先課題を定めている。

ロシア軍の配置と兵力

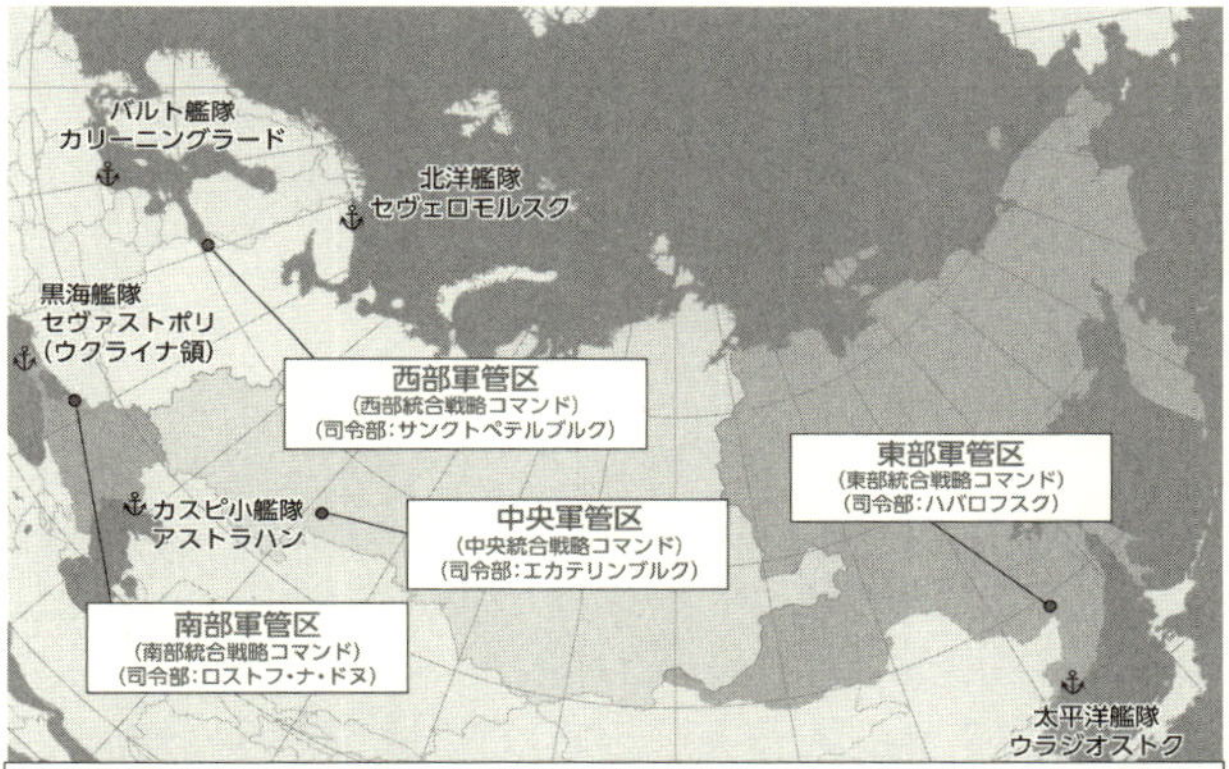

米地質調査書作製地図「GTOPO30」および米海洋大気庁地球データセンター作成地図「ETOPO1」を使用

		ロシア
総　兵　力		約85万人
陸上戦力	陸上兵力	約29万人
	戦　車	T-90、T-80、T-72など 約2,550両 (保管状態のものを含まず。保管状態のものを含めると約20,550両)
海上戦力	艦　艇	約980隻　約207.0万トン
	空　母	1隻
	巡　洋　艦	5隻
	駆　逐　艦	15隻
	フリゲート	29隻
	潜　水　艦	63隻
	海　兵　隊	約20,000人
航空戦力	作　戦　機	約1,560機
	近代的戦闘機	MiG-29　224機　Su-30　10機 MiG-31　160機　Su-33　18機 Su-25　220機　Su-34　28機 Su-27　289機　Su-35　12機 (第4世代戦闘機　合計961機)
	爆　撃　機	Tu-160　16機 Tu-95　62機 Tu-22M　63機
参考	人　口	約1億4,250万人
	兵　役	1年(徴集以外に、契約勤務制度がある)

(注)　資料は、「ミリタリーバランス(2014)」などによる。

(防衛白書平成二六年度版から転載)

■軍事全般

ロシアの軍事力は、連邦軍および連邦保安庁国境局、内務省国内軍などから構成される。連邦軍は三軍種三独立兵科制をとり、地上軍、海軍、空軍と戦略ロケット部隊、航空宇宙防衛部隊九、空挺部隊一〇からなる。一九九七年以降、「コンパクト化」「近代化」「プロフェッショナル化」の三点を重視した軍改革を本格化させてきた。

第一の「コンパクト化」については、二〇一六年までに一〇〇万人を適正水準とする兵員削減を実施する計画である。これに伴い、二〇一〇年以降、従来の六個軍管区制を西部、南部、中央および東部の四個軍管区に改編し、統合戦略コマンドを各軍管区に設置し、軍管区司令官の下で地上軍、海軍、空軍など全ての兵力の統合的な運用を行っている。

二番目の「近代化」は、約二〇兆ルーブル（約五五兆円）を投じて二〇二〇年までに新型装備の比率を七〇パーセントにまで高める予定である。

同じく「プロフェッショナル化」については、常時即応部隊の即応態勢を高めることを目的として、徴兵のなかから契約勤務兵を選抜する契約勤務制度の導入が進められている。

・ロシアの国防費の推移

現在、ロシア軍の活動は活発化と活動領域の拡大傾向を示している。ただしその将来像は、今後のロシアの経済発展と社会発展に左右される部分が多く、不透明さが付きまとっている。

■極東地域のロシア軍

二〇一〇年、ロシアは東部軍管区および東部統合戦略コマンドを新たに創設し、軍管区司令官の下に地上軍、太平洋艦隊、航空・防空部隊を置いた、各軍の統合的な運用を行っている。

極東地域のロシア軍戦力は、旧ソ連時代のピーク時と比べれば大幅に削減されているが、依然として核戦力を含む相当規模の戦力を保有していることに変わりはなく、また、日本周辺でもロシア軍の活動は活発化傾向がみられる。

•ロシアの軍事力

極東地域の戦略核戦力については、シベリア鉄道沿線を中心に、SS-25などのICBM、約三〇機のTu-95長距離爆撃機が配備されている。さらに、SLBMを搭載したデルタⅢ級SSBNがオホーツク海を中心とした海域に配備されている。

ロシアの陸上戦力に関しては、軍改革の一環として、師団中心から旅団を主力とした指揮機構への改編と戦闘部隊の常時即応部隊への移行が推進していると考えられる。東部軍管区におけるその規模は、一一個旅団および一個師団約八万人。また、海軍歩兵旅団を擁しており水陸両用作戦能力を保有している。

ロシア軍太平洋艦隊はウラジオストクやペトロパブロフスクを主要拠点として配備・展開されている。主要装備は水上艦艇約二〇隻と潜水艦約二〇隻（うち原子力潜水艦約一五隻）の約三〇万トンを含む艦艇約二四〇隻、合計約六〇万トンとなっている。

東部軍管区には、航空戦力として空軍、海軍を合わせて約三四〇機の作戦機が配備されており、既存機種の改修やＳｕ-３５戦闘機など新型機の導入によって能力の向上が図られている。

■北方領土とロシア軍

旧ソ連時代の一九七八年以来、ロシアは、日本固有の領土である北方領土の国後島、択捉島および色丹島に地上軍部隊を配備している。ピーク時に比べてその規模は大幅に縮小したとはいえ、現在も防御的な任務を主体とする一個師団が駐留し、戦車、装甲車、各種火砲、対空ミサイルなどが配備されている。

二〇〇五年に北方領土を訪問した当時のイワノフ国防相は、四島に駐留する部隊に関しては増強も削減も行わないとして、現状を維持する意思を明確にしている。また二〇一〇年一一月に元首として初めての国後島訪問を行った当時のメドヴェージェフ大統領により、ロシアは「クリル」諸島の安全の保障を目的とした装備の更新、施設の整備などを実施することが表明されている。

■日本の周辺における活動

日本周辺では、冷戦終了後一時的にその活動が停滞していたが、近年では軍改革の成果の検証などを目的としたとみられる、演習・訓練を含めたロシア軍の活動が活発化する傾向にある。

二〇一〇年六月から七月にかけて実施された大規模演習「ヴォストーク二〇一〇」では、新たな指揮機構のもとでの紛争対処能力や複数の軍種からなる部隊の統合運用能力が検証された。また、軍管区の異なる部隊を極東地域に機動させ、離隔した地域への展開能力の検証が行われたともされている。

二〇一三年七月、東部軍管区では参加人員約一六万人、戦闘車両五〇〇〇両以上、航空機一三〇機以上、艦艇約七〇隻などが参加する「抜き打ち検閲」が行われた。さらに同年八月から九月にかけては、太平洋艦隊が沿海地方、サハリン、カムチャツカ半島東方海域、チュコト半島などで約一万五〇〇〇人、艦艇約五〇隻、航空機約三〇機が参加する大規模演習を実施した。

地上軍に関し、日本近接地域における演習はピーク時に比べ減少している一方、近年、その活動は活発化の傾向がみられる。

艦艇については、太平洋艦隊配備艦艇による長距離航海を伴なう共同訓練や海賊対処活動、原子力潜水艦のパトロールが行われるなど、活動の活発化の傾向がみられる。また、二〇一一年九月、スラヴァ級ミサイル巡洋艦などの艦艇二四隻が宗谷海峡を相次いで通航したが、このような規模のロシア艦艇による同海峡の通航が確認されたのは初めてである。

航空機は、二〇〇七年に戦略航空部隊が哨戒活動を再開して以来、長距離爆撃機による飛行が活発化し、空中給油機、A-50早期警戒管制機およびSu-27戦闘機による支援を受けたTu-95長距離爆撃機やTu-160長距離爆撃機の飛行も行われている。

また、燃料事情の好転などから、パイロットの訓練時間も増加傾向にあると考えられる。二〇一一年九月、二〇一三年三月および一二月には、Tu-8長距離爆撃機などが、日本周辺を一周する経路での飛行を行った。また、二〇一四年三月から四月にかけて、ロシア機による特異な飛行が七日連続で確認された。Tu-95長距離爆撃機六機が同一日に飛行するなど、日本への近接飛行や演習・訓練などの活発化傾向がみられる。統幕が発表した二〇一四年度上半期（四~九月）の緊急発進（スクランブル）回数は、五三三回となり、前年同期と比べて二二五回の大幅増加となった。ロシア機が全体の約六一%である。活動活発化の顕著な例といえる。

第四章・変わりゆく自衛隊

第一章から第三章までの概説で明らかなように、今日、日本を取り巻く安全保障環境は激変しつつある。当然、それに応じて日本の防衛・安全保障に関する政策も変化している。本章では、その結果、自衛隊が今後どのように変わっていくかの可能性をとりあげ、若干の説明を試みたい。

一　統合機動防衛力構想に基づく脱皮

防衛は、いうまでもなく総合的な性格を持つ。陸・海・空の統合運用を基本に柔軟かつ即応性の高い運用に努めること、平素からの関係機関の緊密な連携および国民との緊密な一体感の醸成が必要である。

二二大綱において重視されたのは、「運用」を重視した「動的防衛力」だった。これは具体的には、平素からの警戒監視等活動の常時継続的な実施、各種事態への迅速かつシームレスな対応や国際協力への積極的な取組みなどである。

しかしながら、一方では安全保障環境の変化と比べ、自衛隊の活動量を下支えする防衛力の「質」と「量」は必ずしも十分とはいえないという問題点が指摘された。このため、想定される各種事態に十分対応出来るか統合運用を踏まえた能力評価をしたところ、新たな防衛力の概念を構築する必要があるとの結論に至った。

一方、二二大綱策定以降、平素の活動に加えたグレーゾーンでの事態を含め、自衛隊の対応が求められる事態は増加かつ長期化する傾向が出てきた。

この双方をともに解決するためには、装備の運用水準を高めて活動量を増加させ、統合運用による適切な活動を機動的かつ持続的に実施していくことが欠かせない。さらに、防衛力をより強靭なものとするために、防衛力の「質」と「量」を必要かつ十分に確保し、抑止力・対処力を高めていくことも必要となる。

また、想定される各種事態について統合運用の観点から能力評価を実施し、総合的な観点から特に重視すべき機能・能力についての全体最適を図ること。さらに、多様な活動を統合運用によりシームレスかつ状況に臨機に対応して機動的に行い得る実効的なものとしていくことも重要となる。

これらを踏まえ、今後、日本が構築すべきものとして目指すのは「統合機動防衛力」であるということになった。

現状の防衛力と比較して考えると、「統合運用の考え方をより徹底」「海上優勢・航空優勢の確保や機動展開能力の整備」「指揮統制・情報通信能力の強化」「地方公共団体や民間部門との連携強化を含め、幅広い後方支援基盤（訓練演習、運用基盤、人事教育、防衛生産・技術基盤、研究開発、知的基盤等）の確立」「特に即応性、持続性、強靭性および連接性を重視」といった特徴を持つ。それによって、状況により臨機に即応して多様な活動を機動的に行い得る、実効的な防衛力を構築出来ることとなる。

日本のトータルの最適な防衛がどのようなものであるべきかが真剣に検討され、それが今後の防衛力整備にも反映されることとなる。この方向性は、現在までの延長線とは異なる新たな自衛隊が生まれる可能性を秘めているといってよいだろう。

二　南西諸島防衛の鮮明化

•二五大綱の作成

冷戦期、日本は北方重視戦略に基づき、北海道防衛に資源を重点配分していた。しかし冷戦の終結とともに、中国の台頭、特にその覇権主義的海洋進出活動が明白になるなか、相対的に東シナ海方面の緊張感が高まり、日本防衛の重点も次第に西へとシフトした。

具体的なその例は、二〇一〇年三月に陸自が沖縄の第一混成団を第一五旅団に改編・強化したこと。海自の艦艇や航空機の、南西諸島周辺海域における警戒監視を強化したこと。また、空自はF－4戦闘機の減勢に対応しつつ実効的な防空態勢を確保するため、二〇〇九年八月までにF－15戦闘機部隊を那覇基地に配備した。これらは全て南西諸島の防衛強化を意味している。

しかしながら、中国の傍若無人ともいえる活動はさらに激化しつつある。中国は東シナ海や南シナ海を始めとする海空域などにおける活動を急速に拡大・過激化させている。特に、海洋における利害が対立する問題をめぐっては、力を背景とした現状変更の試みなど、高圧的ともいえる対応を示す。例えば日本周辺海空域において、日本領海への断続的な侵入や日本の領空侵犯などを行うとともに、国際標準とは異なる独自の主張に基づく「東シナ海防空識別区」の設定といった公海上空の飛行の自由を妨げるような動きといった、不測の事態を招きかねない危険な行為を引き起こしている。

これに加えて中国は、軍の艦艇や航空機による太平洋への進出を常態化させ、日本の北方を含む活動領域を一層拡大させるなど、より広域な海空域における活動を活発化させている。

このような情勢に対応するため、周辺海空域における安全確保および島嶼部に対する攻撃への対応として、二六中期防においては、次のような施策を進めようとしている。

①周辺海空域の安全確保

・新たな早期警戒（管制）機の導入（四機）

・滞空型無人機の導入（三機）

・固定翼哨戒機（P-1）の着実な整備（二三機）

・護衛艦の着実な整備（五隻=イージス艦〈二隻〉、多様な任務への対応能力の向上と船体

のコンパクト化を両立させた新たな護衛艦〈二隻〉など）
・潜水艦の着実な整備（五隻）
②島嶼部に対する攻撃対応：常続監視体制の整備
・与那国島に沿岸監視部隊を配備
・警戒航空部隊に一個飛行隊を新編し、那覇基地に配備
・移動式警戒管制レーダーの展開基盤を南西地域の島嶼部に整備
③島嶼部に対する攻撃対応：航空優勢の獲得・維持
・戦闘機（F-35A）の着実な整備（二八機）
・既存の戦闘機の能力向上
・新たな空中給油・輸送機の導入（三機）
・那覇基地の戦闘機（F-15）の二個飛行隊化
④島嶼部に対する攻撃対応：海上優勢の獲得・維持
・イージス艦の増勢（二隻）【①に同じ】
・新たな護衛艦の導入（二隻）【①に同じ】
・回転翼哨戒機（SH-60K）の着実な整備（二三機）

・地対艦誘導弾の着実な整備

⑤島嶼部に対する攻撃対応：迅速な展開能力の向上
・ティルト・ローター機の導入（一七機）
・輸送機（C-2）の着実な整備（一〇機）
・輸送艦の改修
・民間の資金等を利用する手法、予備自衛官の活用を含めた民間輸送力の積極活用
・水陸両用作戦等における指揮統制・大規模輸送・航空運用能力を兼ね備えた多機能艦艇の在り方についての検討

これらが逐次動き出しているのである。例えば、オスプレイの佐賀空港への配備報道、奄美大島に警備部隊配備報道、尖閣諸島を含む南西諸島の有事の際、自衛隊員を戦闘地域まで運ぶために民間フェリーの船員を予備自衛官とし、現地まで運航させる方向で防衛省が検討開始との報道、木更津でのオスプレイ整備との政府方針報道などがある。

●島嶼防衛でのグレーゾーンという新たな論点

二〇一四年七月一日の閣議決定で、武力攻撃に至らない侵害への対応、いわゆるグレーゾーンへの対応として、治安出動や海上における警備行動の発令といった手続きの迅速化が検討さ

れることとなった。

ここでいう「グレーゾーン」とは、有事（戦争）とまではいえぬものの、警察権だけでは対応出来ない恐れのある事態を指す。尖閣諸島のような島嶼部を念頭に、例えば武装集団の離島上陸や公海上での民間船への襲撃といった事例である。相手側が機関銃などで重武装している場合、海上保安庁では対応出来ない可能性が大きいからだ。

また、グレーゾーン対応の問題（99ページ参照）については、手続きの迅速化だけで対応可能か否かの懸念も指摘されている。

自衛隊にグレーゾーン対応に関する任務がどのように付与され、どのように対処するのか、まさに未知の分野であり、今後の法整備の動向に十分に留意する必要がある。

三　日米共同の深化に伴う自衛隊活動の拡大

・日米同盟の新たな段階を求めて

日米安保は、日本の安全保障の基軸であり、日本のみならず、アジア太平洋地域、さらには世界全体の安定と繁栄のための「公共財」であるとも位置付けられている。

そんななか、日米共同による抑止力および対処力の強化が強く求められる状況が生まれつつある。特に平素から各種事態に至るまでの、シームレスな協力態勢を構築することが喫緊の課題となりつつある。

求められるのは、シームレスな協力態勢だ。二〇一四年五月一五日に安倍首相に提出された『安全保障の法的基盤の再構築に関する懇談会』報告書以降、その構築が論議され、今後の法整備によって具体化されるものと期待されている。

米軍部隊に対して、武力攻撃に至らない侵害が発生した場合の対応は、自衛隊法第九五条による武器等防護のための「武器の使用」の考え方を参考としている。即ち、米軍部隊の武器などであれば、条件付きで極めて受動的かつ限定的な必要最小限の「武器の使用」を自衛隊が行うことが出来るよう、法整備をすることとしている。

また、米軍支援と武力行使一体化論を整理して、米国が「現に戦闘行為を行っている現場」ではない場所で実施する補給、輸送などの日本の支援活動については、当該米軍の「武力の行使と一体化」するものではないという認識を基本とし、必要な支援活動を行えるようにすることとなるだろう。

•日米防衛協力のための指針（ガイドライン）の見直し

現行ガイドラインが策定されてすでに一五年以上が経過し、日本を取り巻く安全保障環境激変に伴い、日米防衛協力の指針（ガイドライン）は二〇一四年末までに改定する予定であった。しかし、集団的自衛権の行使を可能とする安全保障法制をめぐる議論が、政府・与党間で進んでいない現状などを踏まえ、年内の合意は断念された。日米両政府は、来年前半に先送りする方針を決定し、二〇一四年一二月一九日に発表した。

二〇一四年七月一一日に行われた日米防衛相会談では、米ヘーゲル国防長官は、弾道ミサイル防衛、大量破壊兵器の拡散防止、海賊対処や日米共同訓練などを挙げて期待感を表明した。同長官は、集団的自衛権の限定容認を含む新たな見解を大胆で歴史的な決定と評価。改定作業の焦点は、武装した偽装漁民などが沖縄県の尖閣諸島などの離島を占拠したケースなど、武力攻撃と直ちに認定出来ない、いわゆるグレーゾーン事態に日米共同でどう対処するかであるともいわれる。離島防衛での日米の役割分担が論議され、ガイドラインに明記される可能性は大きい。具体的な内容は未だ明らかではないが、自衛隊と米軍の共同連携が従来以上に密接なものとなるのは必至といえる。

四　国際貢献における国際標準並みの活動可能へ

- 国際的な平和協力活動での武器使用の問題認識

二〇一四年七月一日の閣議決定では、いわゆる「駆け付け警護」に伴う武器使用と「任務遂行のための武器使用」などについての法整備を進めることが決定された。この閣議決定によって、国連ＰＫＯの国際標準で認められた武器使用は憲法が禁ずる武力行使には当たらないものと解釈が変更されることになったのである。今後、ＰＫＯ参加五原則も見直されることになるだろう。

●国際標準下におけるＰＫＯ活動への適合努力

今後の自衛隊には「憲法で禁止されているので、助けてもらうことは出来ても、助けることは出来ない」という不条理な対応は許されなくなる。その当然の結果として、いかなる状況で、いかに武器使用を行うのかの交戦規定（ＲＯＥ）策定の必要が生まれてくる。

二〇〇〇年一二月四日に『部隊行動基準の作成等に関する訓令』が制定された。これに基づいて、部隊行動基準が作成された。しかし実際には、現場での自衛官が対応に悩み、政治的判断を下さなければならないような場面が依然残ることも事実である。今後、ＰＫＯに派遣される部隊・自衛官が不安を感じることなく任務を完遂出来るようなＲＯＥの策定が期待される所以である。

また、自衛隊の部隊・自衛官が従来以上に厳しい状況に直面するであろうことは間違いない。それに際しては、国内に法的な面でも十分なバックアップ態勢の整備が求められる。特異な状況に対応した行為の是非の判断は、背景および当事者心理に対する十分な知識と理解が必要であり独自の警察および裁判制度が必要と考えられる。これは、隊員が傷害罪・殺人罪などに問われることがあってはならないからである。

五　積極平和主義に基づく後方支援活動の増大

・国連決議に基づく武力行使を行う外国軍隊に対する後方支援活動の拡大

国際的な平和および安全が脅かされ、国連安保理決議に基づいて国際社会が一致団結して対応を求められる場合がある。それが、日本が当該決議に基づき正当な「武力の行使」を行う他国軍隊に対して後方支援活動を行うことが必要となるケースだ。

一方、憲法第九条との関係で、日本による支援活動については、他国の「武力の行使と一体化」することにより、日本自身が憲法の下で認められない「武力の行使」を行ったとの法的評価を受けることがない点が重要となっている。これまでの法律においては、活動の地域を「後方地域」や、いわゆる「非戦闘地域」に限定するなどの法律上の枠組みを設定し「武力の行使との一体化」の問題が生じないようにしてきた。

この限りにおいて、自衛隊は、各種の支援活動を着実に積み重ねて信頼を獲得し、日本に対する期待も高まっている。

●外国軍隊に対する支援活動範囲の再認識

「他国が現に戦闘行為を行っている現場ではない場所で実施する補給、輸送などの日本の支援活動については、当該他国の武力行使と一体化するものではない」――これが、新たに認められる自衛隊の幅広い支援活動適応範囲である。この際、次の二つの条件が必要となる。

①日本の支援対象となる他国軍隊が「現に戦闘行為を行っている現場」では、支援活動は実施しない。

②仮に、状況変化により、日本が支援活動を実施している場所が「現に戦闘行為を行っている現場」となる場合には、直ちにそこで実施している支援活動を休止または中断する。

●自衛隊の後方支援活動の拡大

自衛隊の後方支援活動の認可により、日米共同作戦実施中の米軍に対する後方支援活動はもちろん、これまで事例ごとの特措法により自衛隊が派遣されてきた活動においても自由度が格段に広がる。これは自衛隊にとってより大きな貢献が出来るようになることにほかならない。

武力行使との一体化論に関する新認識が共有されれば、戦闘地域か否かという現状の不毛な議論も早晩意味をなくすことになるだろう。いずれにしろ、自衛隊の活動場面は拡大し、より厳しい状況下での貢献や寄与を求められることになる。それらに応えられる態勢とともに、国内的な各種態勢の整備が必要であることは間違いない。

従来、自衛隊の海外での任務は、アフガニスタンでの対テロ戦争やイラク戦争の際に行われたように、個別の特別措置法を時限立法の形で整備して対応してきた。今般、後方支援活動に係る認識の統一が進むことで、これが従来の方法では不可能だった恒久法の策定へとつながることへの期待が広がる。

「当該他国の武力行使と一体化するものではない」との法制懇報告書、閣議決定内容が実現すれば、他国が現に戦闘行為を行っている現場とは異なった場所で実施する補給、輸送などの外国軍隊に対する支援活動範囲が拡大し、共同の実が上がるだろう。しかしながら、現に戦闘行為を行っている現場では支援活動は実施しない、状況変化によって現に戦闘行為を行っている現場となる場合には、直ちに支援活動を休止または中断することが条件となっている点は変わらない。これらの条件が現実的とは考えにくいのである。従前の戦闘地域、非戦闘地域の考え方よりは前向きになったとはいえ、現状は踏み込み不足で未だ不十分といわざるを得ない。支援を受ける外国軍隊が、このような日本の対応を是とするかははなはだ疑問である。

六　自衛隊法に規定されている在外邦人等の輸送

・在外邦人等の輸送の概要

自衛隊法に「在外邦人等の輸送（ＮＥＯ：非戦闘員退避活動）」が規定されたのは、一九九一年一〇月の政府専用機検討委員会での議論を契機として、自衛隊法に「在外邦人等の輸送（ＮＥＯ：非戦闘員退避行動）」が規定された。その後この問題は各種議論を経て、一九九四年一一月の自衛隊法改正によって初めて正式な規定として設けられた。そして二〇〇七年一月には、邦人輸送任務を自衛隊の本来任務である「公共の秩序の維持」とする改正が実施された。

自衛隊による邦人輸送は過去二回実施されている。前述のように、一度目が二〇〇四年四月の在イラク邦人の輸送（報道関係者一〇名をC-１３０輸送機でタリル空港からムバラク空港〈クウェート〉まで輸送）、二度目が二〇一三年一月の在アルジェリア邦人テロ事件における被害者輸送（現地邦人企業の七名の邦人生存者、九名の御遺体をアルジェ空港から羽田空港まで政府専用機〈ボーイング７４７〉で輸送）が行われている。

しかしながら、在外邦人の救出を外国軍隊などに依存しなければならないような、国家として自国民保護の責任を放擲していると受け取られかねない事態も起きている。そのひとつは、一九八五年、イラン・イラク戦争時のトルコ航空の特別機による在テヘランの邦人二一六名の救出である。このとき、日本航空はイランへの航空機派遣を危険との理由で拒絶した。二つ目は、アルバニア事例と呼ばれる、一九九七年の政府の失政に伴う治安の急激な悪化に対し、ドイツ連邦軍はヘリコプターを出動させてドイツ人二〇人の救出に当たり、その際、日本人一〇人を含む二二カ国の計一三〇人を救出し、マケドニア経由でドイツ・ケルンに空輸した。

一九九七年のカンボジア政変に際しても、邦人を含む多くの外国人がタイ軍用機により国外に退避した。これに際しては、航空自衛隊機三機をタイのウタバオ基地に待機させた事例があった。

・改正以前の法的枠組み

在外邦人などの輸送規定には以下のように定められた。

『外国における緊急事態時に生命等の保護を要する邦人等を本邦等の安全な地域へ避難させる必要が生じた場合、輸送の安全が確保されていることを前提に、自衛隊にその保有する航空機または船舶により輸送を行わせることができる』

その細目は次の通りだ。

①輸送の対象

・外国における緊急事態に際して、生命または身体の保護を要する邦人
・邦人と同様の状態に置かれた外国人（余席があり、外務大臣の依頼がある場合）
②輸送の手続
・外務大臣が防衛大臣に対し、生命等の保護を要する邦人の輸送を依頼
・輸送の安全について防衛大臣と外務大臣が協議し、安全が確保されていると認められるとき
③輸送の安全
・派遣先国の空港・港、航行経路での安全が確保されていること（当該国の着陸や領空通過等の許可〈同意〉が必要）
④輸送の手段
・政府専用機（自衛隊機、ボーイング747‐400）が原則
・政府専用機が困難な場合、「輸送の用に主として供するための自衛隊機（C‐130等）」、「輸送に適する自衛隊の船舶（輸送艦、護衛艦等）」、「自衛隊の艦船に搭載のヘリ（船舶と陸地間の輸送に限定）」を使用
⑤武器の使用
・自己等防護のための武器使用が可能（任務遂行のための武器使用は不可）
・防護の対象は、「自己」、「自己と共に輸送の職務に従事する隊員」、「保護下にある輸送対象の邦人および外国人」の身体、生命（いわゆる駆け付け警護は認められていない）

・武器が使用できる場所は、「輸送用航空機・船舶の所在する場所」、「輸送対象者を航空機・船舶に誘導する経路」(正当防衛、緊急避難の場合の他、人間に危害を加えることはできない)

・上記の他、航空機・艦船の防護、機内等の秩序維持のための武器使用が可能

・武器の携行(使用)については当該国の同意が必要

• アルジェリア襲撃事件を受けた検討と法改正

二〇一三年一月一六日、アルジェリア南東部のイナメナス(首都アルジェから一一〇〇キロメートルの地点)において、日系企業が参加する石油プラントなどが武装集団に襲撃され、同事件によって邦人一〇人が犠牲となった。この事件後、同様の事件が発生する可能性に対して、陸上輸送を含む派遣先国における様々なニーズに対応出来る現行法制改正の必要性が報告された。

これに対し政府は、自衛隊による派遣先国における陸上輸送を可能とすること、日本国政府職員、企業関係者、医師等を輸送対象者に加えることなどを主な内容とする自衛隊法改正案を提出。最終的に、衆参両院での審議を経て一一月一五日に成立した。

• 安保法制懇の報告書と閣議決定

安保法制懇の報告書と与党協議を経て、二〇一四年七月一日閣議決定がなされた。閣議決定では、「国家または国家に準ずる組織」が敵対しない状況下、かつ領域国の同意に基づく邦人救出などの「警察的な活動」を可能とする法整備を進めると決まった。もちろん「武力の行使」は認められない。

●今後の対応

海空輸送に加え陸上輸送が認められたことによって、在外邦人の輸送が現実的に実施される可能性が高まった。救出輸送などを他国に依存せざるを得なかった時代と比べれば、これは隔世の感がある。

しかしながら、依然課題は多い。例えば、発生し得る状況の想定や、その状況下での邦人の安全確実な陸上輸送、そのための必要な陸上自衛隊の部隊や装備はどうあるべきなのかといった検討課題は枚挙にいとまない。今後、さらに部隊レベルで検討すべき事項は数多いといえる。

七　宇宙の活用

・宇宙空間の安全保障上の重要性の増大と対応

今日、安全保障上の新たな対象として宇宙空間が大きな注目を集めている。情報収集や警戒監視機能の強化、軍事のための通信手段の確保などを代表に、近年は民生分野のみならず安全保障上からも、その重要性が著しく増大しているのだ。衛星破壊実験や人工衛星同士の衝突などによる宇宙ゴミ（スペースデブリ）の増加、対衛星兵器の開発といった持続的かつ安定的な宇宙空間の利用を妨げるリスクも顕在化してきた。

・宇宙の安全保障分野への活用

先般策定された国家安全保障戦略（ＮＳＳ）でも指摘されているように、宇宙の有効活用は日本の安全保障にとって大変重要となりつつある。従来は宇宙活用の有効性や必要性は指摘されつつも、宇宙の平和利用という文言に呪縛され、その具体化は進展しなかった。そこに変化の兆しがみえてきている。

二〇一四年八月二〇日、安倍首相の諮問機関「宇宙政策委員会」が、人工衛星を活用した監視体制の強化などを求めた提言案をまとめた。政府はこれを基に二〇一五年一月九日、安全保障を重視した新しい『宇宙基本計画』を決定した。これは現行計画を安倍首相の指示で見直したものである。計画の期間は二〇一五年度から一〇年間で、衛星を使った情報収集能力の強化などを盛り込んだ。宇宙に関連する産業を、この期間に官民合わせて五兆円の規模にすることも目指すとした。

計画は、

①宇宙安全保障の確保

②新たな産業の創出など宇宙利用推進

③産業や科学技術基盤の維持・強化

の三点を目標として明示。そのうえで「わが国の安全保障環境が一層厳しさを増している」ことを背景に、安全保障に関する宇宙技術に手厚く予算を付ける方針を示した。

なかでも、高精度な位置情報システム（日本版ＧＰＳ）を担う「準天頂衛星」は、現在の一基から二〇一七年度には四基に増やし、最終的に二四時間の利用が可能になる七基へと整備する。また、事実上の偵察衛星の情報収集衛星は高性能化を進める。宇宙航空研究開発機構が持つ技術を活用し、防衛省と連携することも明記した。

八　テロ対策と自衛隊

・日本に対するテロの脅威

世界で頻発するテロは、非常に地域性が高く、欧米諸国がテロとの戦いを鮮明にしていることもあり、欧米の大都市もテロの危険性は高いといえる。一方、日本は、テロ組織が活動する土壌が希薄だ。さらに政治的メッセージも乏しく、社会的均質性もあり、一般的にはテロは起きにくいと考えられることから、ともすれば対岸の火事視されがちである。

しかしながら、テロが発生しないと予想される具体的な根拠はなく、また万一発生した場合の被害の甚大さは途方もないものとなる。実際に日本が直面するテロの脅威だけでも次のような可能性があるのだ。

①北朝鮮のテロ

北朝鮮が対日原発テロを計画していたとの報道がある。これは元軍幹部の証言として二〇一三年五月二五日に報道されたもので、当時の金正日書記が「日本列島に人間が住めないようにせよ」と指示したと報ぜられたものだ。幸いに実行には至らなかったものの、一端行動が起こされていたならば大事となった可能性が高い。もちろん北朝鮮は、生物・化学兵器を大量に保有しており、その運搬手段も開発中である。また、何よりも北朝鮮の特殊部隊の能力・規模は決して侮れないものであり、十分に慎重を期する必要に留意すべきである。

②アルカイーダ系

アルカイーダ系のテロ事件としては、実際に一九九四年の沖縄南方海上でのフィリピン航空の機内爆発により日本人一名が死亡している。また、二〇〇四年のワールドカップサッカー開催時にテロを計画したとのアルカイーダ最高幹部の証言もある。アルカイーダメンバーの日本への潜伏実績、度重なる出入国実績もあることから、注意を要すると考えるべきである。

③サイバーテロ

サイバー攻撃については、新たな北朝鮮の指導者となった金正恩が、核ミサイルと並ぶ「宝剣」と述べたとの報道がある。同国がある程度の能力を保有していると考えることは決して杞憂ではない。

また中国に関していえば、能力的面では様々な各種テロを実行し得ることはあまりにも明らかである。

テロは日本では起こりにくい、あるいは対岸の火事であると漠然と認識する国民が大多数であろう。だが、果たして、そうであるといい切れるかどうかは非常に怪しい。

急激なグローバル化の進展により、情報は一瞬にして世界を駆け巡る。ＩＴ社会の利便性の負の面であるのだが、テロの手段・方法等に係る情報を入手することは、今日では誰にでも簡単に出来るようになっているのである。特殊なイデオロギーに感化される人間が輩出することも考えられるかも知れない。例えば二〇一三年のボストンマラソン爆弾テロリストは、いわばホームグローンテロリストということもできる。普通の市民が、ある日突然テロリストに変貌する可能性もあり得るのだ。

発生するはずがないと信じられていることが実際に起きると、その被害は極めて甚大となる。たとえ話のブラックなスワンは生まれないかも知れないが、万一誕生したときの衝撃はどれほどの衝撃となるか計り知れないのだ。

日本人の多くは、福島第一原発事故から想定外の事態が起こり得るという真実を学んだはずである。原子力発電に関していえば、今回の福島第一原発の事故でその脆弱性が露呈し、喫緊の課題として対策を講ずる必要性が叫ばれている。

また、テロについては二〇二〇年開催予定のオリンピックが標的となる可能性は皆無とはいえない。世界注視の大イベントでのテロ事案は、日本の威信に掛けても絶対に回避すべきである。そのためには今日からの各種対策が必要と考えなければならない。

・テロに対抗する困難性

福島第一原発事故は天災（人災との側面からの議論も継続中）による不可抗力とされることもある。しかしながら、その影響たるや文字通りの未曽有の災害であることは明白だ。これにより原発の弱点や脆弱性が明らかになり、詳細な情報が流出するとともに、内部脅威の問題も指摘されている。

日本人が広く認識するテロ事件には、地下鉄サリン事件（一九九五年三月二〇日）がある。同事件によって、我々はある程度の知識があれば誰にでもテロを起こすことが可能であり、また発生した場合には極めて甚大な影響を及ぼすものであることを学んだはずである。

さらに、一旦ゲリラが国内に出現すればその対処は非常に困難を極めることも意識しなければならない。

例えば、一九九六年、韓国東海岸で座礁した北朝鮮の特殊潜水艦から北朝鮮兵士二六名が韓国内に逃亡する事態が発生した。このわずかな人員を掃討するのに、韓国軍はなんと五個師団、延べ一五〇万人の人員を投下し、解決までに五〇日間を要したことを銘肝すべきである。

●テロ対策の現状と「世界一安全な日本」創造戦略の策定

二〇一四年五月二七日、内閣官房から最新のテロ対策の現状が発表された。

その内容は、「①出入国管理等の強化」「②テロ関連情報の収集・分析の強化」「③ハイジャック等の防止対策の強化」「④NBCテロ等への対処強化」「⑤国内重要施設の警戒警備の強化等」「⑥テロ資金対策の強化」「⑦テロ対策に資する科学技術の振興」「⑧テロ対策に関する国際社会との連携」「⑨サイバーテロ対策」と網羅的である。

また、これに先立つ二〇一三年一二月一〇日には、犯罪対策閣僚会議において「世界一安全な日本」創造戦略決定が決定されている。

これは二〇二〇年のオリンピック・パラリンピック東京大会を控えた今後七年間を視野におき、犯罪をさらに減少させ、国民の治安に対する信頼感を醸成することにより「世界一安全な国、日本」を実現することを目標としたものである。

テロ関連施策としては、ひとつに官民一体となったテロに強い社会の構築や五輪などを見据えたテロ対策の推進が掲げられた。具体的には、入国審査体制の強化や鉄道・航空などの交通機関での巡回警備強化、監視カメラの増設などが要請された。

同時に、特別に原子力発電所などの重要施設警戒警備と対処能力の強化についても定められた。その内容は、原発などに対するテロ対策の強化、重要施設・要人などに対する警戒警備の徹底、緊急事態への対処能力の強化である。

・テロ対処部隊の現状

鎮圧などの主体となるのは、まず警察だ。SAT（約三〇〇人）、銃器対策部隊（約一七〇〇人）、NBCテロ対応専門部隊（約二〇〇人）、NBCテロ対策班、国際テロリズム緊急展開班、官邸警備隊などがそれに当たる。自衛隊では、陸自の特殊作戦群、海自の特別警備隊、その他の部隊が中心となり、防衛省サイバー防衛隊がこれに加わる。そして海保特別警備隊（SST）も同時に鎮圧任務を担う。

また、救出・応急は消防のスーパーおよびハイパーレスキュー部隊が医療関係機関の救急態勢とともにこれに当たることとなっている。

• テロ対応における自衛隊の役割について

自衛隊は警察などの能力を超える場合に治安出動により対応することとなる。テロの主体が明らかに軍事要員であり、武力攻撃と認定出来る場合には防衛出動を命じて対応することとなる。

迅速な治安出動命令が発出出来るのか、治安出動で対応充分なのかなどについて更なる検討を要すると考えられる。

九 核セキュリティについて

「核セキュリティ」という文言は、米国同時多発テロ以後に使用され始めたものである。また、現状の日本において、最も大きな脅威は原発テロであると考えられる。

核に関する脅威は、一般に次の四つに区分出来る。

①核兵器の盗取
②核物質盗取し核爆発装置製造
③放射性物質飛散爆弾製造
④原発や核物質の輸送などの妨害破壊

このなかで、④の原発や核物質の輸送などの妨害破壊の可能性は決して少なくない。実際、原発に関連した事件は世界で頻発している。これらが原発の抱える脆弱性を露呈していることは明白だ。

ここでは二〇一〇以降の主な事例を並べてみる。

・二〇一〇年八月二四日：旧ソ連モルドバ共和国で密売グループ摘発
・二〇一二年七月二七日：米国テネシー州オークリッジで八二歳の修道女など三名がウラン貯蔵施設まで、最新鋭の警備システムを破って侵入
・二〇一二年：放射性物質の不法所持や密売一七件、盗難・紛失二四件（ＩＡＥＡ報告）
・二〇一三年七月一五日：仏南部の原発にグリーンピース活動家数十人が侵入し横断幕を掲示

これらの事案は必ずしも日本に無縁とはいえないことが分かるだろう。

●日本の原発テロ対策レベルの国際評価

核セキュリティに関して、日本は非常に遅れている。実際、日本の原発テロ対策のレベルは、国際評価で評価対象の三二カ国中二三位。これは先進国では最下位となっている。最大の問題点とされるのは、大量の使用済み核燃料の保管（輸送）が脆弱である点と指摘されている。なお、米国の外交公電で日本の原発テロ対策は『拙劣』と指摘されたとの報道がある。

•原発への武力攻撃の対処

日本の原発では設計基準に武力攻撃への対処は想定されていない。しかしながら、一九八一年六月七日にはイスラエルがイラクのオシクラ原子炉を攻撃し、その後、湾岸戦争時には米軍が徹底的に破壊した。また、一九八七年一一月にはイラクがイランの建設中の原子炉を攻撃、二〇〇七年九月にはイスラエルがシリアの建設中原子炉を攻撃したほか、二〇一〇年以降、数度にわたって攻撃を実施していると憶測されている。

日本においても原発の強度に関しては疑問も多い。原子炉本体（圧力容器&格納容器）は、小型ミサイルへの抗堪性、民間機や戦闘機による衝突、あるいは長距離ミサイルへの抗堪性に関して十分であるとは考えにくいのである。現実的に核ミサイルによる誘爆の可能性も否定できず、さらに東日本大震災時に露呈した原発の外部電源や使用済み核燃料の脆弱性と合わせ、大いに懸念されるところといえる。

一〇　サイバーセキュリティについて

急速に進展する情報化社会において、情報システムや情報通信ネットワークなどにより構成されたサイバー空間は、社会活動、経済活動、軍事活動などのあらゆる活動が依拠する場となっている。一方、このグローバルな空間においては、国家の秘密情報の窃取、基幹的な社会インフラシステムの破壊、軍事システムの妨害を意図したサイバー攻撃などによるリスクが深刻化しつつある。

日本においても、社会システムを始め、あらゆるものがネットワーク化されつつある。このため、日本の安全保障を万全とするとの観点からも情報の自由な流通による経済成長やイノベーションを推進するために必要な場であるサイバー空間の防護は、不可欠となりつつある。

一般に知られるサイバー攻撃の事例

①二〇一〇年七月：イラン核関連施設「ｓｔｕｘｎｅｔ」攻撃

②二〇一一年四月：ソニー、個人情報大量流出

③二〇一一年七月八月：衆・参議院のＩＤ＆ＰＷ流出

サイバー防衛隊のイメージ図

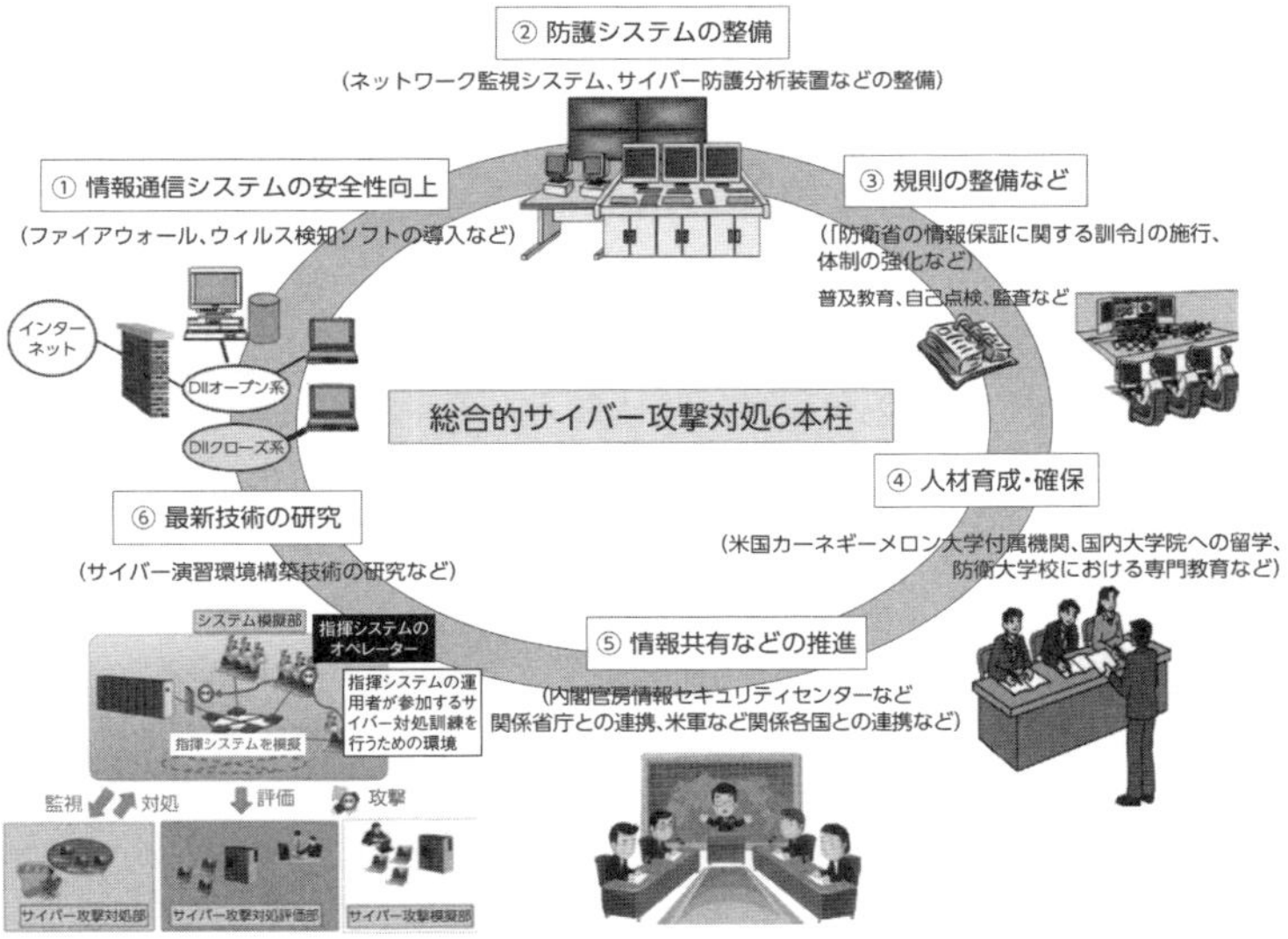

（防衛白書平成二六年度版から転載）

④二〇一一年九月：人事院等への攻撃（ＤＤｏＳ攻撃）
⑤二〇一二年一月：ＷＥＢサイトの改竄事件（以上は中国「紅客連盟」という説がある）
⑥二〇一二年五月：ヤフー日本法人ハッキング被害
⑦二〇一二年八月：三菱重工への攻撃（標的型攻撃）
⑧二〇一三年八月：サイバー攻撃やり取り型急増（日経電子版記事）
⑨二〇一三年九月：紅客連盟サイバー攻撃予告
⑩二〇一四年五月：米司法省が中国ＰＬＡ幹部五名を起訴

標的型サイバー攻撃について、日経電子版（二〇一三年八月二二日）によれば、対策ソフトは機能せず、まったく無力であるという。最近では、特定ＩＰ標的ウィルス被害が続出している。標的型攻撃が巧妙化し、攻撃対象がアクセスするウェブサイトに網を張る水飲み場型攻撃も起きている。

日本へのサイバー攻撃は二〇一三年の被害件数は約一二八億件。その対象は政府機関、大学、企業と広範にわたっており、発信元としては中・米の両国が突出している。また、同年度の政府機関に対する不正アクセスは約五〇八万件にのぼる。これは前年度の五倍になった。攻撃の多くが中国など海外から発信されている点は同様である。

詳細は不明ではあるが、中国のサイバー戦部隊は、人民解放軍総参謀部第三部に所属しているとされる。一躍有名になった六一三九八部隊は上海に所在し、一説にはハッカー五万人を擁し、サイバー部隊の要員数は二五〇〇名ともいわれる。そのほかに、海南島の陸水信号部隊(隊員一〇名)が知られているほか、民間のハッカー集団として有名な中国紅客連盟も国家的なサイバー攻撃を分担しているという説もある。

●軍事的サイバー攻撃の事例

二〇〇七年以降、米国防省、ホワイトハウスなどへのアクセスが急増している。より具体的な事例としては、コソボ紛争(一九九九年)やイスラエル軍のシリア空爆(二〇〇七年)に際し、各防空システムにサイバー攻撃が行われレーダー網を無力化することが行われた。また、米国とイスラエルが七年前からイランの核施設にスタックスネットを仕掛け、一部の遠心分離器を破壊し核開発を一年半遅らせたことも知られている。二〇一一年一二月に米軍ステルス無人偵察機がイラン軍に撃墜されたが、これもサイバー攻撃の成果であるとされ、米がシリアへのサイバー攻撃を計画していたことも二〇一三年に報道されている。

●政府の対処態勢、情報収集・共有体制

日本においてサイバー攻撃対処の司令塔の役割を担っているのは、官房長官を議長とする「情報セキュリティ政策会議」である。ただし、司令塔といっても各省庁に対する指揮権限などはなく、戦略本部に格上げして司令塔機能を強化しようとする動きもある。また、内閣官房には「情報セキュリティセンター（NISC）」を設置し、警察庁はリアルタイム検知ネットワークシステムの二四時間運用などを行っている。

防護すべき重要インフラとしては、情報通信、金融、航空、鉄道、ガス、政府・行政サービス、医療、水道、物流の一〇分野が指定されている。また、犯罪の予防・捜査という観点からは、サイバー攻撃への対応は本来警察の任務といえる。実際、警察では各県警にサイバー攻撃特別捜査隊（サイバーフォース）、サイバー攻撃対策官&分析センターを設置している。

・対策の変遷とセキュリティ戦略の概要

セキュリティ基本計画Ⅰ、Ⅱ（二〇〇六年二月、二〇〇九年二月）を策定した日本政府は、次いで、情報セキュリティ戦略（二〇一〇年五月）へとバージョンアップしてきた。さらに、サイバーリスクの甚大化、拡散、グローバル化、国家や重要インフラへのサイバー攻撃の現実化など、従来施策からの次元を超えた取組みが必要であるとの危機感から、「サイバーセキュリティ戦略」を二〇一三年六月に策定した。

同戦略は対象期間を二〇一五年までとしており、基本的な方向性として、サイバーセキュリティ立国や情報の自由な流通の確保、リスクベースによる対応強化などを挙げている。

さらに、NISCの「サイバーセキュリティセンター」への改組、日本版NCFTA（サイバー犯罪対策のための産官学連合）の創設などの計画も始動した。

・サイバーセキュリティ基本法について

サイバーセキュリティ基本法が、第一八七回臨時国会の参議院で二〇一四年一〇月二九日に可決された後、同年一一月六日の衆議院本会議においても賛成多数で可決成立した。

政府のサイバー攻撃対応の司令塔の役割を果たす「サイバーセキュリティ戦略本部」とその事務局となる「内閣サイバーセキュリティセンター（ＮＩＳＣ）」が二〇一五年一月九日、発足した。ＮＩＳＣは、サイバーセキュリティ基本法が同日施行したのを受け、内閣官房情報セキュリティセンターを改名して権限を強めた。約八〇人の職員は年内に一〇〇人以上への増加が予定され、政府の「防衛能力」を高める狙いだ。

基本法では、各省庁が攻撃を受けた際、サイバーセキュリティ戦略本部への情報提供を義務化した同戦略本部には、改善策の実施を各省庁に勧告したり、対応を報告させたりする権限も与えた。また同法は、サイバー攻撃への対策を国と地方自治体の責務としたことに加え、重要インフラ（社会基盤）事業者も対策に協力する努力義務があると明記した。

・日本としての対応について

サイバー対策は、現状、警察が主体で取り組んでいる。これは犯罪対処という観点が主になっているからである。ただし、今後は重要インフラの防護や国家安全保障上の対応が重視されるようになるものと考えられ、それらにも対応し得る国家態勢と自衛隊の役割検討、確立が求められている。実際、自衛隊は二〇一四年三月二六日に陸海空三自衛隊から約九〇人を選抜してサイバー防衛隊を新編発足させた。二四時間態勢で、防衛省・自衛隊のネットワークの監視やサイバー攻撃が発生した際の対応を担う。また同部隊はサイバー攻撃に関する脅威情報の収集、分析、調査研究などを一元的に行うことになっている。

国家的観点からは、どの組織・部門が宇宙やサイバー空間に対する基本的な方向性を定め、対応の責任を負っていくのかが明らかではない点が問題である。宇宙やサイバー空間対応の先進国である米国とも連携し得る自衛隊が、その任に当たるというのも有力な選択肢として考えられる。

日米サイバー協議が継続的に実施され、日米防衛当局者による対話も始まっている。速やかな国家態勢の確立が望まれるなか、自衛隊にも相応の役割を果たすことが求められるだろう。

安全保障上の課題は、日本に対するサイバー攻撃を武力攻撃事態と認定して対応出来るかどうかということである。また、自衛権発動の条件に適合するのか、防衛の対象をどこまでとするかも課題だ。

二　重要施設などの防護

政治経済の中枢や国土・国民に多大な影響を及ぼす原発などの施設、ライフライン関連施設は安全保障上の重要施設として防護対象として考えられる。ところが、この種の施設のみでも膨大な数に上るので、脅威と施設の重要度に応じた適切な優先順位を設定しなければならない。

これらの施設への想定される脅威は、工作員・ゲリラ、サイバー攻撃、また内部脅威といったものがある。これに対する警備責任の基本は施設管理者である。もちろん必要によっては、警察などが監視し警備部隊を直接配備し、所要の増援を行う。基本的に自衛隊には警備責任はなく、警護出動時に自衛隊施設や米軍基地を警護するのみである。

原発、政経中枢などの重要施設といえども、その警備は第一義的に警察（海保）の役割である。しかしながら、警察力だけで対応出来ない場合には、自衛隊が出動して対応することも可能であり、そのようにすべきだろう。

一二　重要施設などの防護における自衛隊の役割

テロ対策から核セキュリティ対応、サイバー攻撃対処の多くに共通する点は、いわゆる平時でもなければ有事でもないグレーな状態が生起する可能性だ。また、一応の役割分担は決まっているとはいえ、警察などの能力を遥かに超える事態も当然予期される。

これらに対しどのように対応するかが問題となっており、実効的な対策を立てる必要があるといえる。その際のポイントは、警察や海上保安庁そして自衛隊の連携である。いたずらに縄張り争いなどの弊に陥ることなく、大同団結してこそ日本の安全を確保出来ることは間違いないからだ。

近い将来を考えると、自衛隊もそのなかで何らかの役割を担当することになろうし、そうならなければならないはずである。

日本の法体系においては、警察法上の緊急事態、災害緊急事態や原子力緊急事態、武力攻撃事態対処法における緊急対処事態対処等の規定はあるが、憲法には明文規定がなく緊急事態に関する包括的な規定もない。憲法調査会での議論や二〇〇四年の自民公の三党合意はあったものの、基本法の成立は日の目をみていない。

国民の理解と政治的合意を得て、緊急事態に関し包括的にシームレスに対応出来るような法

世界主要国の国防研究開発費の状況と推移

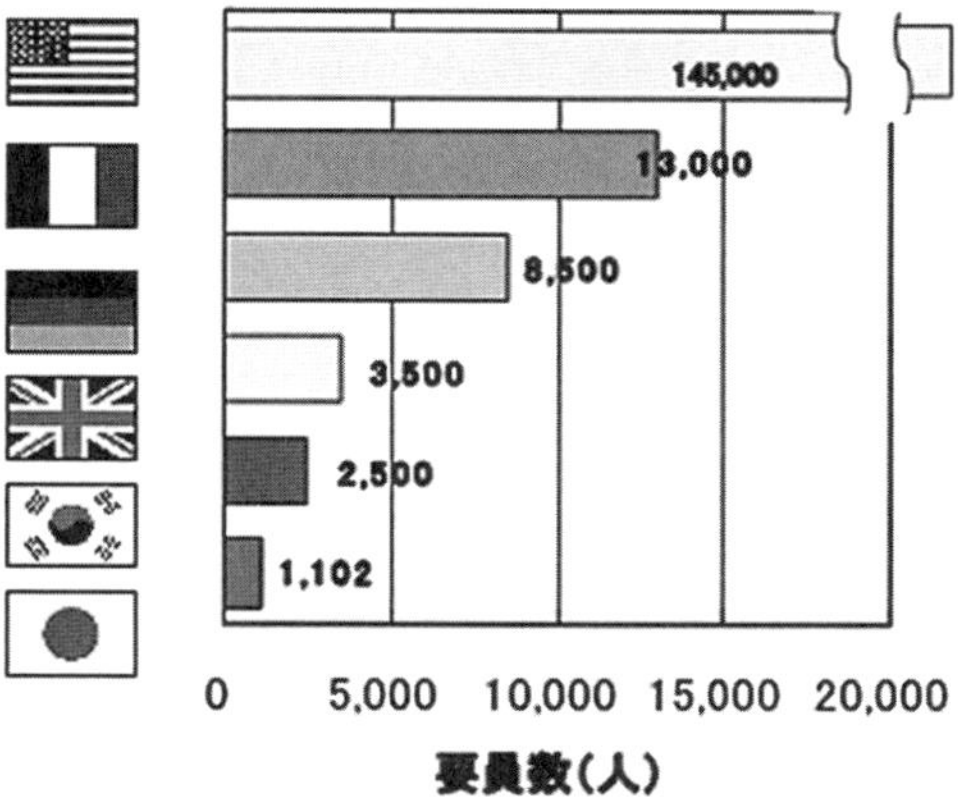

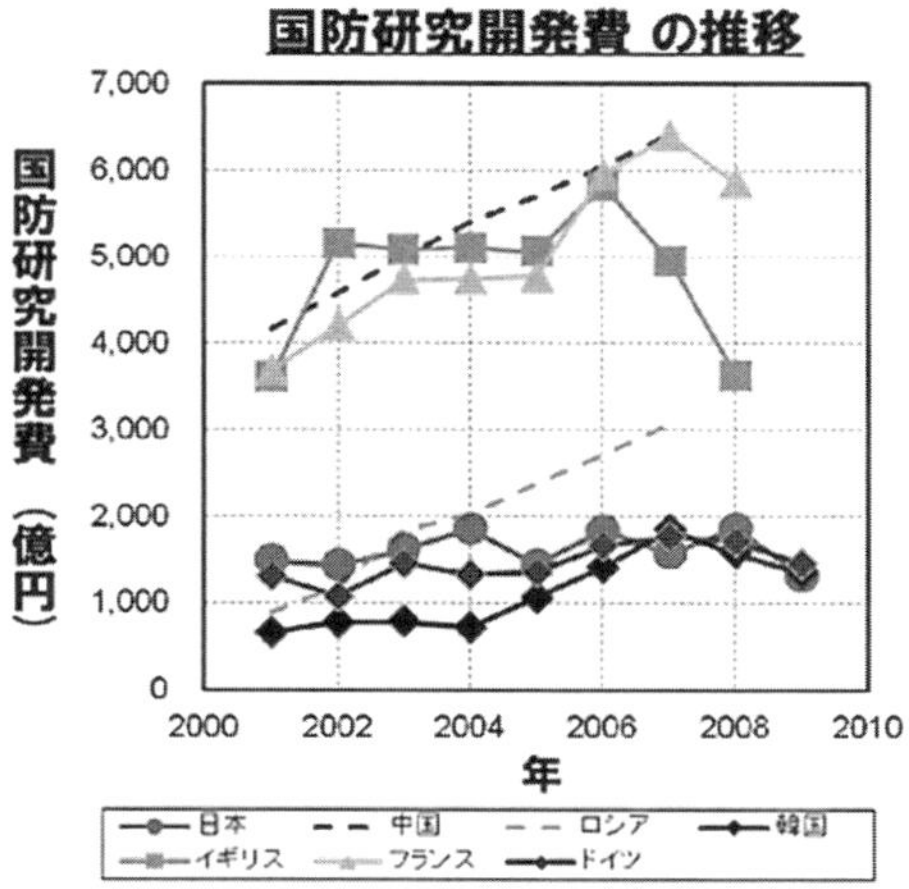

(防衛省の資料から転載)

的枠組み（緊急事態基本法などの制定）と関係機関のさらなる連携協同の促進が必要である。

特に軍事組織においては、軍独自の司法制度が存在するというのが国際的な常識だ。軍紀保持のために一般の司法体系とは別の法体系が必要であり、軍刑法により違背行為などを定め、軍法会議によって処断することとなる。現状では日本における特別裁判所は憲法違反とされているが、国家として必要であれば憲法を改正すべきである。

一三　研究開発など

日本の高度な技術力は、安全保障における強力な抑止力であり、武器ともいえる。

高度な民間の技術を自衛隊が活用し、自衛隊で開発した新技術を民間にも応用する双方向の活用が望まれる。各種装備品の調達数量の減少とそれと反比例する価格の高騰、海外企業との競争力の低下、産官学の連携不足などもあって、現状のままでは日本の防衛生産・技術基盤は崩壊しかねない。これらの諸問題を解決するための長期戦略を策定する必要があるといえる。

その要諦は、日本として維持・育成すべき重要分野を選択し、それに所要の資源を配分することである。コア技術を保持することが極めて重要で、この際、特に情報保全には留意する必要がある。実際には相互運用性のほか、新たな技術やノウハウ習得可能性、コストパフォーマンスなどを考慮して適切な国際共同研究・開発を行うことになる。

防衛技術は民生技術との相互連関（スピンオフ・スピンオン）によって、産業全般の技術水準向上に大きく寄与する。軍民相互活用の可能性を追求するとともに、産官学の連携による技術革新が期待出来、その先には日本の防衛産業の健全な育成のための方策を確立していくことが期待されている。

●研究開発費の現状

自衛隊技術研究本部がまとめた、主要国の国防研究開発費の状況は241頁のとおりである。日本の現状が列国と比較してどれほど見劣りしているか一目瞭然である。

中国は日本の四倍、ロシアでも約二倍に達している。また、例えば韓国は日本をしのぐ約一八〇〇億円（二〇〇七年、国防費の約五パーセント）の研究開発費を、さらに二〇一二年までには七パーセント、二〇一四年までに一〇パーセントへと引き上げる目標を掲げていた。

前述した基本的考え方を具現するためには、研究開発費の大幅な増額が必要である。さらに産官学一体となった研究開発体制の構築が必要である。

・純国産戦闘機の開発

政府が純国産戦闘機の開発に向けた本格的な検討に入るという報道が流れた（二〇一四年八月二一日）。二〇一五年度から高出力なエンジン本体の試作に着手し、敵のレーダーに探知されにくいステルス性を持つ機体の実用化を急ぐというものである。

米欧の最新鋭機に匹敵する性能を目指し、防衛省は二〇一五年度予算の概算要求に開発経費として約四〇〇億円を計上する。成果を踏まえ、最終的に純国産戦闘機を導入するか否かを判断する予定である。（以上、日経新聞）戦闘機は関連産業の裾野も大きく、実現すればメリットは大きい。財政的なネックをどのように解決していくかが鍵となっていくであろう。

第五章・日本は戦争をするのか？

日本が戦争をする可能性はあるか、日本に対して戦争を仕掛けてくる国があるのか、そして日本は勝てるのかといった素朴な質問を受けることがしばしばある。

当然のことながら、それは誰もが最も知りたい疑問だろう。しかしながらこの質問に答えることほど難しいことはない。

ひと言に「戦争」とはいっても、いかなる状況で、いかなる条件で、いかなる態勢でそれが始まるのか、余りにも考慮すべき要素が多すぎることがその理由だ。

政治的要素、軍事的要素、戦場となる地域や海空域、あるいはサイバー空間はたまた宇宙空間に関するデータ、人文学的な要素（実はそれすら非常に重要である）……ありとあらゆる要素を取り込んでウォーゲームを行う必要がある。それですら確実なものではない。

従って、日本が勝てるかどうかに対する絶対的な回答は、「解りません」となってしまう。

また、戦争が起きるかどうかも予測不能である。予期せぬ不測の事態が戦争に発展するケースもあれば、一方が周到に準備して相手方に侵攻することもあるだろう。ある国が戦争により国家の政治的目的を達成出来ると判断すれば、戦争を決意する可能性も少なくないだろう。あるいは政治判断としては戦争をすべきではないことが明らかであっても、国内の圧力に抗しきれずに止むを得ず開戦に踏み切らざるを得ない状況が生まれないとも限らない。

「戦争」はこのように極めて難しい課題である。それだけにどのようにアプローチすべきかは悩むところであるが、ここではこの問題への幾つかの視点を用意し、本章のテーマへの回答を試みる。

一　考え得る日中戦争とは

■中国にとっての「核心的利益」とその意義

中国のいう「核心的利益」とは、自国の本質的な利益に直結するとみなし、自国を維持するために必要と考えられる最重要の事柄、自国にとっての利益のことである。

二〇〇九年七月の米中戦略経済対話において、中国外交を統括する戴秉国国務委員は「核心的利益」として次の三点を挙げたとされる。

・国家主権と領土保全（維護基本制度和国家安全）

台湾問題、チベット独立運動問題、東トルキスタン独立運動問題、南シナ海問題（南海諸島）、尖閣諸島問題がこれに当たる。

・国家の基本制度と安全の維持（国家主権和領土完整）

さらに、同委員は二〇一〇年一二月に論文を発表し、そのなかで、核心的利益について次のように説明している。

・経済社会の持続的で安定した発展（経済社会的持続穏定発展）

①中国の国体、政治体制、政治の安定、即ち共産党の指導、社会主義制度、中国の特色ある

社会主義

②中国の主権の安全、領土保全、国家統一

③中国の経済社会の持続可能な発展という基本的保障

これらを経て、中国の「核心的利益」という考え方の具体的な内容が、国際社会に知られるようになってきたのである。それ以後、中国はこの表現を様々な場面で使用するようになる。

・尖閣諸島は核心的利益と明言

二〇一三年四月二六日、中国外務省の副報道局長が記者会見の場で、沖縄県の尖閣諸島について「釣魚島（尖閣諸島の中国名）は中国の領土主権に関する問題であり、当然、中国の核心的利益に属する」と述べた。中国が尖閣諸島を、妥協の余地のない国益を意味する「核心的利益」と公式に位置付けたのはこのときが初めてである。

続いて同年六月七・八日に行われた米中首脳会談において、中国の習近平国家主席はオバマ米大統領に対し、尖閣諸島について中国にとっての「核心的利益」であると表明したことを、米政府は日本政府に説明。中国側は、習主席が尖閣問題について「主権と領土を確実に守る」と述べたと会談後に説明した。

ここにおいて中国が台湾やチベットなどと同様に、譲れない「核心的利益」という表現を使って尖閣諸島問題を強調していたことからは、中国の本音が垣間みえる。実際中国は、尖閣問題などを念頭に「平和的発展の道を堅持すべきだが、正当な権益を放棄したり、国家の核心的利益を犠牲にしたりすることは絶対にできない」と強調している。

以上の経緯から、台湾やチベットよりは優先順位は落ちるとしても、中国が尖閣諸島をそれらと同様の「核心的利益」に位置付けていることが断定できる。

■尖閣諸島（核心的利益）に対する中国の動向

・尖閣問題の急浮上

一九七〇年代に入るまでは、中国と台湾のどちらも、日本による尖閣諸島の領有について公式に異議を唱えたことはない。

一九六八年、国連アジア極東経済委員会（ＥＣＡＦＥ）によって、東シナ海域一帯の海洋調査が実施され、尖閣諸島周辺を含む同海域の海底には、石油・ガス田が存在する可能性が高いことが明らかとなったことから、同海域が注目を集めることになっていた。

中国および台湾が尖閣諸島の領有権を主張するようになったのはそれ以後である。一九七一年六月に台湾、同年一二月には中国が、相次いで外交部声明という形で尖閣諸島の領有権を主張する見解を公式に表明したのである。

・領海法を制定した中国

さらに中国は、一九九二年二月から施行されている「中華人民共和国領海および接続水域法（領海法）」において、歴史的にも国際法上も日本の領土である尖閣諸島を、あろうことか不法にも中国の領土と規定した。

二〇一二年、直線基線方法を採用して釣魚島（中国名）およびその付属島嶼の領海基線を設定し、国連に報告するとともに発表した。このことにより、中国は領海法の規定によって、中国の許可なく同海域に進入した外国の軍艦、公船を領海侵犯とみなすことが可能になった。

中国が尖閣諸島の領有権を主張して以来、この国有化以前から中国公船はしばしば尖閣諸島の接続水域の航行や領海侵犯を繰り返してきた。

その間の日中関係や尖閣諸島に関する主要な出来事を列記すれば次のようになる。

・一九七二年五月：沖縄返還協定に基づき、尖閣諸島の施政権が日本に返還
・一九七二年九月：日中共同声明により日中国交正常化
・一九七八年四月：約一〇〇隻の中国漁船が尖閣諸島に接近し、領海内操業
・一九七八年八月：日中平和友好条約調印
・一九七八年一〇月：来日中の鄧小平氏が記者会見で尖閣問題の棚上げ論を表明

・一九九二年二月：中国「領海法および接続区域法」制定、尖閣諸島を中国領と明記
・一九九六年七月：日本国連海洋法条約が発効、周辺海域に排他的経済水域を設定
　九月：香港の活動家による抗議船が尖閣諸島の領海内に侵入、五人が海に飛び込み一人死亡
・二〇〇二年四月：魚釣島、北小島、南小島について日本政府が賃借、直接管理
・二〇〇四年三月：七人の中国人活動家が魚釣島上陸。警察は七人を不法入国として逮捕したが、送検は見送られ強制退去処分に
・二〇〇五年二月：灯台を国有化して海上保安庁が保守・管理
・二〇〇八年六月：尖閣諸島周辺領海内で台湾の遊漁船と海保巡視船が接触し、遊漁船が沈没する事故が発生。台湾の巡視船領海侵入、海保は、衝突事故に巡視船側にも過失があったと認めて謝罪、賠償に応じる。
・二〇一〇年九月：尖閣諸島周辺領海内で中国漁船による海保巡視船への衝突事件が発生（七日）。中国漁船の船長は逮捕・送検されるが、中国側は船長の即時釈放を求めて、様々な対抗措置を実施。那覇地検は船長を処分保留で釈放（二五日）。

この中国漁船衝突事件以降、中国公船はほぼ毎月の頻度で、尖閣周辺海域に出没し、領海侵犯を繰り返し、尖閣諸島の日本の実効支配を打破するような行動を先鋭化させてきた。

・尖閣諸島の国有化

これに対し、二〇一二年四月一六日、当時の石原慎太郎都知事がワシントンのシンポジウムでの講演で、尖閣諸島を地権関係者から買い取る方向で基本合意したことを明らかにした。東京都によるこの購入計画に対し、中国政府は外交部の声明で激しく反発。このため日本政府（野田内閣）は中国政府の反発を和らげ「平穏かつ安定的な維持管理」をするためとして、尖閣諸島の国有化方針を決定し、九月三日に政府高官と埼玉県在住の地権者が協議し国有化に合意。九月一一日、日本政府は魚釣島、北小島、南小島の三島を二〇億五〇〇〇万円で購入し、日本国への所有権移転登記を完了したのである。

・尖閣国有化以降の中国公船の動向

中国が尖閣周辺の日本領海内や日中接続水域などに監視船を派遣し始めたのは二〇〇八年一二月以降であり、二〇一〇年九月の漁船衝突事件以降は、「漁政」や「海監」などの中国公船の派遣をほぼ毎月のペースに増加させ、領海侵犯を繰り返していた。

国有化以降は、それをさらにエスカレートさせている。その規模は、

二〇一二年九月以降：領海侵犯日数二〇日で延べ六八隻

た。

二〇一三年：同五四日で延べ一八八隻
二〇一四年六月まで：同一五日で延べ四〇隻

というものである。

またこの過程では「漁政」が一〇〇〇隻の漁船団を引き連れて尖閣海域に来襲するとの報道も流れた。その際は、海保が過去最大となる巡視船五〇隻体制で領海警備に当たり、海上警備行動が発令される事態に備えて海上自衛隊の自衛艦も距離を置いて集結したという事態となった。

•防空識別区の設定と自衛隊情報収集機に対する異常接近

二〇一三年一一月二四日、中国国防部は「東シナ海防空識別区（ＡＤＩＺ）」を設定し、当該空域を飛行する航空機は中国国防部の定める規則に従わなくてはならない旨を突然発表した。

これに対し、日本政府は中国がこうした空域を設定し、自国の規則に従うことを義務付けることは、東シナ海における現状を一方的に変更し、事態をエスカレートさせ現場海空域において不測の事態を招きかねない非常に危険なものであるとして、強い懸念を表明した。

一般に防空識別圏とは、国際法上の確立した概念ではない。通常は各国が自国の領空を守るため国内措置として領空に接続する公海上空に設定しているものであって、法的には、領空ないし領土の限界、範囲を定める性格はない。当然のことながら、その設定は、領空主権またはその延長線上の権利によるものでもあり得ないのである。

ところが、中国が設定を発表した東シナ海防空識別区は、この防空識別圏の一般的概念とは明らかに異なり、いわゆる管轄権を主張するものとなっている。その点から、米国を始めとする諸国では中国による一方的な防空識別区の設定に反発が広がっている。

近年、尖閣諸島周辺においては、中国海・空軍の航空機による日本に対する何らかの情報収集と考えられる活動が目立っている。それとともに、航空自衛隊による中国機に対する緊急発進の回数も急激な増加傾向にある。中国機の飛行パターンも多様化しており、二〇一二年からは戦闘機を含む中国機の活動も活発化しつつある。

二〇一三年以降は、この戦闘機を含む中国機による活動はさらに活発化している。また、二〇一一年三月、四月および二〇一三年四月には、東シナ海において警戒監視中の海自護衛艦に対して、中国国土資源部国家海洋局所属とみられるヘリコプターなどが近接飛行する事案も発生している。

さらに二〇一四年五月二四日および六月一一日の二回にわたって、中国のＳｕ－２７戦闘機が海自および空自の情報収集機に異常接近した。

ここで挙げた中国の活動は脅迫と恫喝に類する行為とさえいえるものである。

中国は日米の対応方針、軍事的能力などに係る所要の情報収集が目的であり、これらは正当な行為であって脅迫や恫喝ではないと強弁するかもしれない。しかし、尖閣諸島は自らの領有権に属するとの強い意思を内外に顕示するとともに、尖閣諸島を中国が実効的に支配しつつあるという状況を意図的に作為することがその活動の目的であることはあまりにも明らかだ。自国の意思と力をみせつけ、日米を屈服させることを狙っているといわざるを得ない。

• 尖閣諸島の奪取を目的とする対日戦争勝利の条件

ここまでにみてきた通り、中国は尖閣諸島が自国領土であり核心的利益とみなしていることから、日本の実効支配を打破し、彼らが考える状態に戻すことを原則としている。宣伝戦や心理戦などを含めた、あらゆる活動はその意図に沿ったものである。とはいえその一方では、日米が共同して尖閣諸島を防衛するのであれば、自国の意図の実現が容易ではないことも冷静に判断していると思われる。そう考えれば中国は振り上げた拳を降ろすに降ろせない自縛状態に陥っているという見方もあるかもしれない。

しかしながらその状況を看過することは、たいへん危険である。現在は困難であるとしても、中国が将来的に「核心的利益」である尖閣諸島の領有化を達成するという強い意志を堅持していることは間違いないからである。現状はあらゆる手段を講じてそのための状況を作り出すために腐心している段階であると判断するのが妥当である。

そこでこの前提に立ち、中国が武力を使用して、特に尖閣諸島を狙った限定戦争を断行するための諸条件と、その具体化状況を確認してみたい。

まず米国との関連（対米条件）についていえば、中国が意図するのは、日米離反あるいは日米同盟の弱体化によって日本への軍事的支援が行われないこと、それがかなわないまでも、米国の日本支援の遅延あるいは限定的支援に止まらざるを得なくすることであると考えられる。

一方、日本を対象とした条件は、日本の尖閣諸島防衛意思を希薄化させる、もしくは日本の防衛力を十分に発揮出来ないように妨害・阻止することであろう。

同様に中国が自国の条件として望むのは、戦争勝利の様々な条件を作り出したうえで勝利の可能性を高めることと、日米が介入する以前に尖閣諸島の実効支配を確立し、世界的な認知を獲得することとなる。

・対米条件達成のためには

日米離反や日米同盟の弱体化を図ることが出来れば、中国にとっては最善であろう。しかし、現在はいうまでもなく、近い将来にもそれは期待し得ないと考えられる。中国がその経済力をベースに経済的利益をちらつかせ、米国債の引き上げなどを材料に脅迫し、日本悪玉論を展開しても、現状の米中関係からいえばその意図が成功する見込みは非常に少ない。

このため、中国は次善の策として、米国民の厭戦気運の助長・増大のために執拗な宣伝戦やロビー活動を行うことになるだろう。これらもまた簡単に効果を上げるとは思えないが、長期的で執拗な働きかけがあれば、意外な効果をもたらす可能性はなきにしも非ず、である。

また、日米同盟を完全に無力化させることは不可能であっても、米国の対日軍事支援を遅らせるか、あるいは十分な戦力発揮を妨害することが出来れば、中国が尖閣諸島を奪取し得る可能性は高まる。

このために、中国は次のような方策を考え、着実に手を打っている。

まず、在日米軍基地の弱体化、機能発揮不全化だ。中国は自衛隊基地や米軍基地の存在の重要性を十分に認識していると判断される。そこで、それらの弱体化などをハード、ソフトあらゆる手段を弄して図るであろう。これは当然、平時からの行動となる。それに対しては、基地警備や基地などの防空、抗堪性の確保などの防御策が必要となるのは当然である。

二番目は、米空母打撃群の来援を遅延あるいは阻止するための対艦弾道ミサイルの大量配備である。中国が開発中のＤＦ-２１Ｄは世界初の対艦弾道ミサイルＡＳＢＭであり、射程約一五〇〇キロメートル（最大三〇〇〇キロメートル）。中国本土から発射し、衛星などを通じた精密誘導で海上の米空母打撃グループをピンポイントで攻撃出来るとされる。また、対地攻撃にも利用可能であることから、在日米軍基地も標的となり得るため、中国の「接近拒否戦略」の切り札になるとみられている。

同じく米空母打撃群の接近阻止や遅延を図る中国が推進しているのは潜水艦の大量配備だ。

一九九五年から一九九六年の第三次台湾海峡危機において、中国は空母を中心とする米機動艦隊の出撃により撤退を余儀なくされ、大きな屈辱を味わった。その後、潜水艦の近代化に乗り出した中国は、すでにその大半の近代化を終え、散発的にではあるが示威行動を起こしている。

代表的なその行動としては、二〇〇六年、沖縄周辺海域で、米空母キティホークに近接し、浮上し米海軍を驚愕させたこと、また二〇〇九年に米ミサイル駆逐艦の曳航式ソナーを切断する事態を発生させたことなどが挙げられる。

これらにみられる中国潜水艦の配備・行動は、米空母打撃群の行動を少なくとも慎重にさせると考えられる。それは即ち、米軍による適時な日本来援が出来なくなる恐れがあるということにほかならない。

さらに、潜水艦の近代化とともに、中国は積極的に海洋調査と作戦実行に必要な情報収集を行い、潜水艦による関係海峡の通峡を恒常化させつつある。これはまさに中国がその本来の意図を実現するため、着々と手を打ちつつある状況であるといえる。

このような現状から考えれば、米国の対抗策によっても中国潜水艦を完全無力化されることは非常に困難であるだろう。

さらに中国は、これら以外にも様々な方策をとりつつある。その一部を紹介する。

遠方から近海までの縦深にわたって米軍戦力を漸減すべく、攻撃機、機雷および対艦ミサイル装備のミサイル艇、水上戦闘艦を展開。縦深防御には、先般、中国初の航空母艦として就役した空母遼寧もその一翼を担うだろう。さらに、作戦に必要な各種の情報収集システム、空対艦ミサイル（ＡＭＳ）、サイバー戦や電子戦も考慮されているはずだ。

いずれにしろ、中国が米軍の来援・介入を阻止し、少なくとも遅延させるべく軍事的努力を傾注していることは確実である。これを十分考慮し、それに備える必要がある。現状は依然、目標半ばではあるとしても、現在の軍事力増加のペースが続くことを考えると、近い将来、中国が目標とする能力に到達する可能性は決して少なくないからである。

●対日条件の分析

中国は、日本国民の尖閣防衛意思を希薄化させることが最善であると判断していると思われる。戦わずして、あるいは損害少なくして所望の成果を得ることが望ましいのは当然である。日本が（中国の策謀により）尖閣の棚上げに同意し、あるいは日本として特別な対策をとる必要がないと判断し、また日本国の民間に中国と戦っても勝ち目はないという敗北者意識が蔓延、厭戦気運が横溢することとなれば、まさに中国の思う壺にほかならない。事態をそのような方向へと導くべく、中国は宣伝戦や心理戦あるいは謀略戦を仕掛けている。また、そこには中国に対する日本の歪な贖罪意識が災いする可能性も少なくはない。

対日軍事条件に関しては、自衛隊などが出動する以前に実効支配の既成事実化を図ることが中国にとって最善の状態である。次いで、自衛隊が防衛出動しても奪還出来ないように、尖閣諸島に対する戦力集中競争で優位に立とうとすることが考えられる。

いずれにせよ、中国の大部隊渡海侵攻能力は限定的である。むしろ、日本が事態への対応に躊躇している間に、隠密裏に民間人（偽装軍人など）を上陸させて五星紅旗を打ち立てる。そのうえで国民保護を名目に軍を直ちに派遣するという方策という可能性の方が大きい。この場合は、それに対応する日本との時間的競争に勝てるかどうかが勝敗のポイントとなる。

陸海空自衛隊の尖閣周辺への戦力集中を妨害出来るかどうか、どの程度の効果が期待出来るかなど、日中双方に共通するのは、周到に事前準備を行った側に分があるということである。自衛隊の能力は基本的には非常に高く、正面からの真っ向勝負を想定すれば、まだまだ日本側に分があるのは自明のことだ。ただし、その優越性が今後も継続するか否かについては必ずしも明らかではない。日中逆転の転換点は意外にも近いかも知れない。また、日本の「質」に対して、中国の「量」が勝る可能性もある。日本の継戦能力や縦深戦力に不安がないとはいえないのである。

•想定し得る対中戦争のまとめ

日米同盟が強固であり、日本の防衛努力が着実に実施されるならば、中国による尖閣諸島奪取を目的とする限定的戦争は起こりにくいだろう。

それは発生し得るとすれば、まさに先に述べた対米、対日条件が整ったと中国が判断した場合となる。従って、日本が注力すべきことは、そのような条件を作らせないようにすることに尽きる。しかしながら、偶発事態から一気に熱戦が発生する可能性もあり得るので、危機回避システムを確立するとともに、自衛隊があらゆる事態に備える態勢を保持すべきである。

二　韓国との火種

■竹島問題について

日本と韓国の紛争が起きるとすれば竹島をめぐってであろう。まずは、竹島の歴史をみてみたい。

日本が古くから竹島の存在を認識していたことは、多くの古い資料や地図により明らかである。

一七世紀の初めには、日本人が政府（江戸幕府）公認の下、朝鮮の鬱陵島に渡る際に竹島を航行の目標として、また船がかり（停泊地）として利用していた。また、あしかやあわびなどの漁猟に使っていたという記録もある。その間の経緯からも、遅くとも一七世紀半ばには、日本の竹島に対する領有権は確立していたと考えられる。

一九〇〇年代初期、島根県の隠岐島民から、本格化したあしか猟事業の安定化を求める声が高まった。これに対し、当時の明治政府は一九〇五年一月の閣議決定で、竹島を島根県に編入し領有意思を再確認した。さらにその後、官有地台帳への登録、あしか猟の許可、国有地使用料の徴収などを通じた主権の行使を行ったのである。これには一切の他国の抗議はなく、日本

日本の竹島領有を証拠づける日本の各種資料

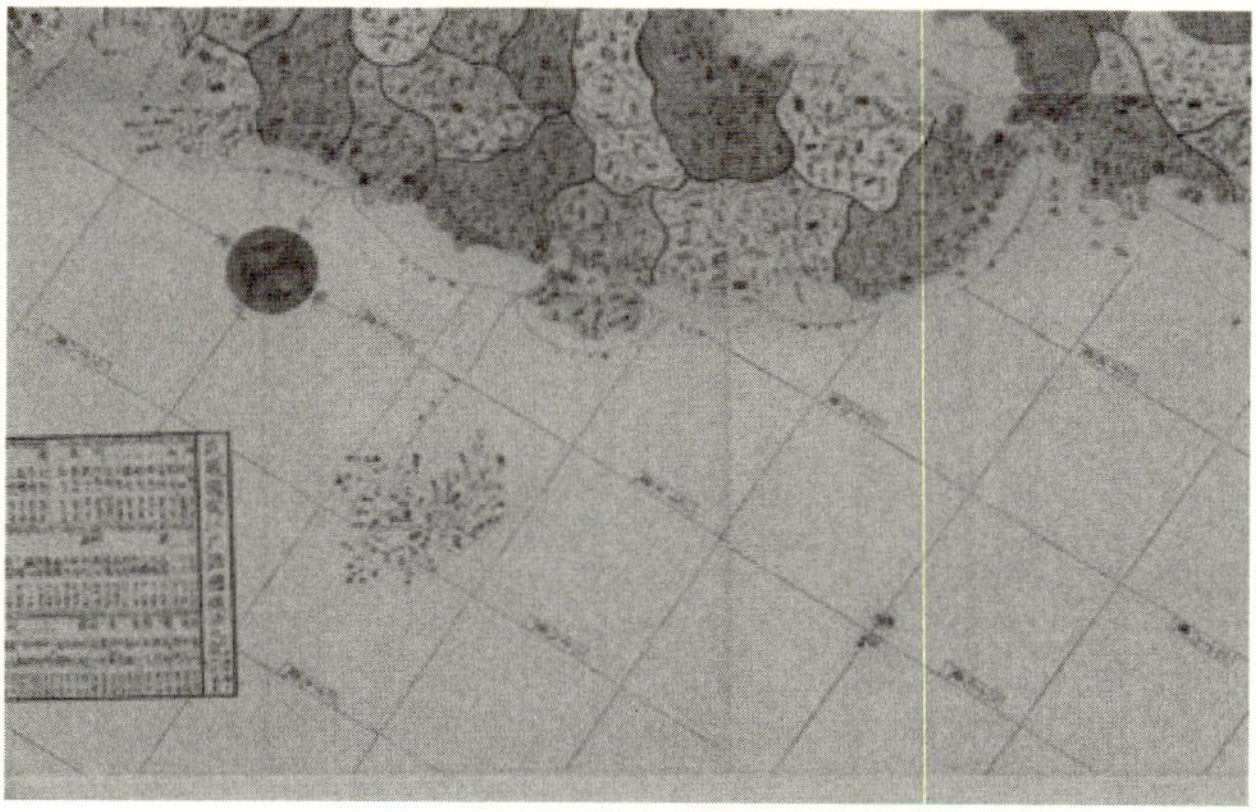

（嘉永新増大日本国郡輿地全図　1849年）

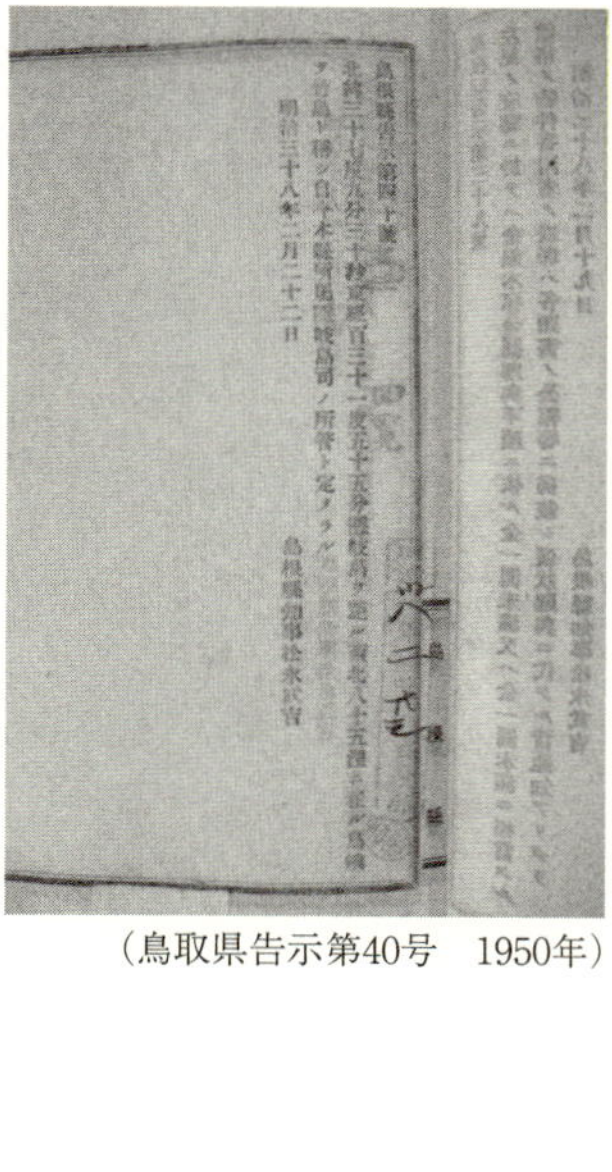

（鳥取県告示第40号　1950年）

の竹島統治は平穏かつ継続して行われた。こうして、江戸時代以降実質的に確立していた竹島に対する日本の領有権は、近代国際法上も国際的により明確に主張出来るようになった。

第二次世界大戦後の日本の領土処理などを行ったサンフランシスコ平和条約（一九五一年九月八日署名、翌年四月二八日発効）の起草過程において、韓国は、同条約を起草していた米国に対し、日本が放棄すべき地域に竹島を加えるように求めた。

しかし、米国は「竹島は朝鮮の一部として取り扱われたことはなく日本領である」として韓国の要請を明確に拒絶。これは、米国政府が公開した外交文書によって明らかである。そのような経緯により、サンフランシスコ平和条約では、日本が放棄すべき地域は「済州島、巨文島および鬱陵島を含む朝鮮」と規定され、竹島は意図的にそれらから除外された。第二次世界大戦後の国際秩序を構築したサンフランシスコ平和条約においても、竹島が日本の領土であることが確認されているのである。

また、同条約発効後、米国は日本に対して、竹島を爆撃訓練区域として使用することを申し入れた。これを受け、日米間の協定に基づいて政府は竹島を爆撃訓練区域に指定し、その旨を公表している。このことからも竹島が日本領であることは国際的な事実であると判断できる。

しかしながら、サンフランシスコ平和条約発効直前の一九五二年一月、韓国は、いわゆる「李承晩ライン」を一方的に設定し、そのライン内に竹島を取り込んでしまった。

これに対し日本政府は、韓国による竹島の領土化は明らかに国際法に反した行為であり、日本として認められるものではないと、直ちに厳重な抗議を行っている。ただし、韓国はその抗議を無視するように、その後、竹島に警備隊員などを常駐させ、宿舎や監視所、灯台、接岸施設などを構築してきた。

戦後、一貫して平和国家として歩んできた日本は、竹島の領有権をめぐる問題を、平和的手段によって解決するため、一九五四年から現在に至るまで、三回にわたって竹島問題を国際司法裁判所に付託することを提案したが、韓国側はその全てを拒否している。

・韓国による占領（実効支配）の状況

今日も竹島（韓国名・独島）では韓国による実効支配が続いており、同島は海洋警察庁を傘下に持つ大韓民国海洋水産部の管理下に置かれている。現在、韓国は竹島に軍に準ずる装備を持つ韓国国家警察、慶北警察庁、独島警備隊の武装警察官四〇名と、灯台管理のため海洋水産部職員三名を常駐させている。

また韓国海軍や海洋警察庁が、その領海海域を常時武装監視し、日本側の接近を厳重に警戒している。そのため、日本の海上保安庁の船舶や漁船は、同島の領海内には入れない状態が続いており、日本政府の再三の抗議にもかかわらず、韓国は灯台、ヘリポート、レーダー、船舶の接岸場、警備隊宿舎などを設置している。また、西島には竹島の韓国領有を主張する根拠となる一般住民として漁民の金成道夫婦が宿舎を建設し居住している。

すでに建設された主な施設には以下のようなものがある。

東島：警備隊宿舎、灯台、ヘリポート、気象観測台、船舶接岸施設、送受信塔、レーダー

西島：漁民宿舎

このことからも分かるように、韓国は竹島領有の既成事実化を着々と進め、一九九一年からは、金夫婦の竹島居住を認め、住所を独島里山二〇番地としている。二〇〇五年四月には、同島で韓国人の結婚式が初めて執り行われたほか、独島防衛の法的根拠を得るため九九二名の韓国人が戸籍を置いている。

二〇〇五年、島根県の「竹島の日」に反発した韓国政府は竹島への韓国人観光客の入島を解禁し、三月二八日には一般観光客が初めて竹島に上陸した。現在は鬱陵島からの観光船が不定期運航している。船で二時間程度。鬱陵島との間に水陸両用機による航空路を開設する計画もある。

さらに韓国は、二〇一四年六月二〇日に竹島南西沖の日本領海内を含む海域で射撃訓練を行うと日本側に対して通報してきた。これに対して日本政府は在韓国大使館を通じて抗議するとともに訓練中止を要請。しかし韓国国防省は、これを通常の訓練の一環として計画通り実行に移したのである。

・李明博大統領の竹島上陸

二〇一二年八月一〇日、当時の李明博韓国大統領は、日本政府の厳重な抗議にもかかわらず、韓国大統領として史上初めて竹島に上陸した。これにより日韓関係は劇的に悪化してしまう。訪問には文化体育観光相、環境相らも同行、大統領一行は約一時間半滞在した後、竹島を後にした。この事態を受け、締結が予定されていた軍事情報包括保護協定（ＧＳＯＭＩＡ）は見送られ、経済連携協定（ＥＰＡ）をめぐる日韓間の協議は当面望めない状況になった。大統領周囲の金銭絡みの不祥事が相次ぐなど、政権末期レームダック状態の李大統領が求心力の挽回を狙ったものともいわれる。

なお朴槿恵現大統領は、ハンナラ党国防委員（当時）として、二〇〇五年一〇月五日、竹島に韓国軍のヘリコプターを用いて不法上陸した。その事実をもとに朴大統領は日本で告発されたが、松江地検はこれを不起訴処分とした。その行為から、現大統領も韓国の竹島占拠を既成事実化しようという確信犯であることは確実といえる。

■竹島を契機とする紛争は起こるのか

本来ならば、北東アジアで日米とともに強力な同盟関係を組み、アジアの平和と安全に寄与すべき立場にある韓国と日本との関係が悪化している。歴史認識と先に触れた竹島問題がその根源だが、韓国側の真意は別のところにあるという観察も聞かれる。

李明博前大統領の竹島不法上陸、そして「告げ口外交」と揶揄される朴槿恵大統領の礼を失した外交姿勢などにより、日韓両国民間には互いに嫌韓・反日感情が燃え盛っている。それは世論調査からも明らかである。

読売新聞社と韓国日報社が二〇一四年五月二三〜二五日に行った共同世論調査（電話方式）によれば、次のような結果になったという。

・現在の日韓関係について、日本では「悪い」という答えが八七パーセントに達し、一九九五年以降の調査で最悪だった二〇一三年の七一パーセントを大きく上回った。一方の韓国でも「悪い」は八六パーセントで、前年の七八パーセントから上昇し過去三番目の高さとなった。

・日本では「韓国を信頼できない」が過去最悪の七三パーセント（前年五五パーセント）と急増し、韓国では「日本を信頼できない」が八三パーセント（同八〇パーセント）に上った。

・韓国の朴槿恵大統領のいわゆる「告げ口外交」については、日本では「適切でなかった」が八九パーセントを占めた。二〇一三年一二月の安倍首相による靖国神社参拝については、韓国では「適切でなかった」が九四パーセントとなった。

観光客の往来も激減するなか、首脳レベルの会談さえ米大統領のお膳立てがなければ実現しないという朴大統領の頑なさは通常の外交関係からは説明出来ないものである。もちろん、双方の国家関係がこのような状態であっても。それが直ちに戦争に直結するものではない。

では、実際の戦争へと繋がり得る状況の変化があるとすれば、どのようなものであろうか。例えば、韓国がさらに竹島の実効支配を強化すべく、駐在要員を増加し、建築物、特に軍関係の建物を建設し、島およびその周辺において軍事訓練を強化するような場合である。それが最早日本国民の看過出来ないレベルにまで到達すれば、「韓国叩くべし、自力で竹島を奪還すべし」という国論の沸騰へと繋がらないとはいえない。それを政府が無視出来ないという状況となれば、日韓関係の危機的状況が生まれかねないのだ。

具体的には、李明博前大統領の不法上陸が、その敷居を超えたものという意見もあった。しかしながら、それに際しては日本国民の冷静な対処が功を奏した。

同様に韓国側にも冷静な観察眼と戦略眼による対応が望まれる。日韓抗争は両国のどちらにとってもメリットとはなり得ない。逆に、そこからメリットを得るのがどの国かを考えれば、日韓両国の各対応がどのようなものとなるべきかが誰にとっても明らかといえる。

■韓国（軍）の戦略的弱点について

本章で分析するのは、日本が戦争に巻き込まれるとすればどのような場合か、また、その際に日本は勝利出来るか否かである。そこで、本来は同盟国でなければならない韓国とその軍隊を精密に評価することはあえて避け、若干の指摘に止める。

対日戦争を考えた場合、韓国軍には次のような致命的な弱点がある。それは韓国軍の戦略的特性に関するものである。北面態勢軍が南面して戦う愚とでもいえようか。韓国軍は成立以来、北部戦線を想定して進化し、そのためだけに整備されてきた軍隊であるという基本条件がある。

仮に韓国が日本と戦端を開くとなると、韓国軍は北朝鮮による韓国奇襲侵攻への対処体制を堅持しつつ、対日戦争を行うという戦略的に南北二正面対処を余儀なくされる。唯でさえ不足がちな戦力で、二正面作戦を行うのは絶対的に不利である。北朝鮮と一時的和解がなったとしても、疑心暗鬼の状態で戦う不利は免れない。常識的な政治家ならばこのような判断は採らないだろう。

さらに、予期しない戦いの様相に直面する不利がある。

韓国軍は、その建軍以来北朝鮮からの奇襲侵攻に対処すべく、戦力の整備を行い、部隊を配置し、然るべき教育訓練を行ってきた。軍隊としてみれば、ベトナム戦で勇名を馳せたことがあったとしても、そのような軍隊が対日戦争という予期しない作戦様相に柔軟に対応出来るとは考えにくい。韓国軍の士気や訓練練度に疑いの余地はないとはいえ、対日戦争は彼らが想定し、訓練した戦いとはまったく別のものなのだ。

もちろん、自衛隊もかつては北海道防衛を重視して防衛力整備を行い、教育訓練を行ってきた。しかしながら南西諸島正面の危機の増大に伴って、すでに根本的な戦略転換を行っている。ところがこれは非常な困難を伴った。決して短期、一朝一夕に成し遂げられるものではなかったのである。それは古今東西の戦史研究からも明らかだ。戦略正面の転換とは、まさにそれにほかならないのである。

■韓国との関係悪化回避

日本には、いたずらに韓国と事を構えようなどという意識は少しもないと確信出来る。では、わずかでも生じた日韓衝突の可能性を早期に排除するためには、何が必要なのだろうか。

日本および韓国は、基本的には共通の価値観を有する国家同士であり、日米同盟と米韓同盟という二つの同盟を強力にリンケージさせてこそ、東アジアの平和と安全を確保出来る。また、米国首脳が度々言明しているように、その認識は米国にも共通する。一時的、限定的な「日本憎し」で大局を見誤り、例えば中韓同盟のようなものに国家の未来を賭けるようなことがあってはならないし、韓国自身がその点を客観的に判断するべきである。その冷静な判断による結論がどのようなものになるかはいうまでもない。

具体的な日韓最大の争点である竹島に関する解決策は、国際司法裁判所への付託以外にはあり得ない。現在は韓国側の状況が沸騰しているだけに付託の議論そのものが不可能と考えられがちである。つまり、現状の実効支配を強化しないことを条件として、冷却期間を置くことを考えるべきだろう。

また、日本、米国のどちらにとっても、むやみに韓国を仮想敵側に追いやるのは下策中の下策であることは間違いない。そしてそれは韓国にとっても同様なのである。

三　対北朝鮮

北朝鮮が日本に対して全面戦争的な攻撃を仕掛けることは、その能力から、まず考えられない。しかしながら、何らかの特定目的を達成するために、日本に対して核やミサイルあるいはゲリラ・コマンドの特殊部隊などによる限定攻撃を実施する可能性は十分にあると考えられる。ここでは、それらを分析してみたい。

■日本にとっての北朝鮮の脅威は何か？

すでに第三章で北朝鮮の軍事力については概説した。それらを考慮したうえで、同国による対日攻撃を考えてみる。その能力から判断して、攻撃があり得るとすれば、核恫喝または核攻撃、弾道ミサイルによるもの、特殊部隊によるもの、サイバー攻撃の四種類のいずれか、もしくはそれらの組み合わせ以外には考えられない。

■対日攻撃はあるのか？

北朝鮮が、対日単独作戦を行うことはあり得ないであろう。

北朝鮮にとって最大の敵は米国であり、韓国であることは疑いようがない。それに対し日本は、米国または韓国が北朝鮮と戦争を行う場合の支援後拠の役割を持つに過ぎないからである。即ち、北朝鮮は対米または対韓戦争との関係においてのみ日本に対する攻撃を敢行するに違いない。その場合には、日本への攻撃の内容は、対米または対韓国戦争（対韓国戦争は即ち対米戦争でもある）を有利にするために、同国がどのような方策をとるかに懸ってくる。そこに、対日戦争の目的（と手段）を考察する必要が出てくる。

対米（韓）戦争勝利のための対日戦争の目的は、日本の米国支援を止めさせる、またはそれ妨害することである。そのために考えられる作戦目標は、政治的・軍事的なものとなる。

まず、日本国民に厭戦気運を醸成し、米国支援を躊躇あるいは消極化させること、次に在日米軍基地（自衛隊駐屯地や基地を含む）の使用停止または機能発揮妨害など、米軍支援機能の停止、低下だ。そして、核恫喝や脅迫、原発破壊恫喝、政治経済中枢を含む重要インフラ攻撃や在日米軍基地や自衛隊駐屯地・基地攻撃による米軍の作戦行動そのものの妨害である。

これらの作戦行動には、以前から日本に侵入していた工作員とそれに連携した特殊部隊が従事するものと考えられる。

■対日攻撃への日本の対処状況

北朝鮮が仕掛ける対日戦争への日本の対処を考えると多くの弱点がみえてくる。問題点を幾つか指摘しておきたい。

第一に、核恫喝・脅迫あるいは攻撃には米国に全面的に依存せざるを得ないこと。そして小型の核を搭載したミサイルを含むミサイル攻撃に対しては、敵基地攻撃を可能とする明確な意思と決定、さらにそのために必要な手段の整備が必要であるがそれに欠けることだ。

さらに現状の日本に求められる部分として、ミサイル防衛システムのさらなる充実強化、原発や重要施設防護のための所要隊力の増強およびグレーゾーン対応などの対処体制整備、警戒監視および情報収集能力のさらなる充実といったものが考えられる。また、日本独自の情報収集能力の増強や米国とのさらなる情報交換も必要となるだろう。

北朝鮮による対日攻撃は限定的なものとならざるを得ない。しかし、それ故にこそ日本の対処には弱点が散見され、その拡充が必要とされるのである。

四　日・中・韓の懸案事項

日本にとっての韓国は、日米韓同盟の一翼を担う一衣帯水の隣人である。また同時に、地政学的意味からも日本の安全に極めて重要な位置を占める。またそれは韓国にとっても同様であることは間違いなく、良好な関係構築は双方にとって大きな利益だ。ところが韓国には拭いがたい反日感情が通底している。そして、その根底には歴史認識問題があると考えられる。

また、中国は事ある毎に、対日批判を繰り返し、それをテコとして東アジア各国と日本との関係に亀裂を生じさせようとしている。

本章では、これらの国々との間に戦争が起こる可能性の条件について考察を下したが、実際には北朝鮮を含むこれらの国と戦略的なパートナーとなれるのであれば望ましく、そのことを切望もしている。しかしながら、日本と各国の間には、以下のような問題がいまも存在している。

・靖国神社参拝問題

中国や韓国は、靖国神社に第二次世界大戦のA級戦犯が合祀されていることを理由として、日本の政治家による参拝が行われる度に批判・反発を強めている。

ただし、現実には一九七九年四月にA級戦犯の合祀が公になってから、一九八五年七月までの六年四カ月間には、靖国神社参拝が問題とされたことはない。その間に、大平正芳、鈴木善幸、中曽根康弘の各首相は合計二一回の参拝を行っているにもかかわらず、一九八五年八月に中曽根首相が参拝するまでは、非難は行われなかったのである。

一九八五年以降の参拝に対して、それに先立つ同年八月七日、朝日新聞が『靖国問題』を報道して後に、初めて中国および韓国の批判が始まったというのが事実なのである。

日本の両国の批判に対する立場は一貫している。つまり、日本は戦後一貫して平和国家として存在し、将来ともに不変であること、戦没者に対する慰霊には各国なりの方法があって然るべきであること、A級戦犯といえども名誉回復がなされた後に正当な手続きを経て合祀されていること、である。

これらに加え、参拝問題を外交問題化することは日本と両国間の将来的な関係にとってなんら建設的な意味を持たないと主張している。

• 従軍慰安婦問題

一九七七年、『朝鮮人慰安婦と日本人』（吉田清治著、新人物往来社）で、著者は、軍の命令によって済州島で女性を強制連行して慰安婦にしたと告白した。

以来、特に韓国ではこの問題が、日本は朝鮮人女性を強制連行したとして政治問題化した。

一九九三年には河野官房長官が談話を発表、強制連行を認めたともとれる発言を行う。その後、韓国はあらゆる場で慰安婦問題による日本批判を繰り返し、韓国のみならず、米国各地や日本にさえ慰安婦像を建立してきた。日本政府は河野談話を検証し、その結果を二〇一四年六月に公表したが、韓国はこれにも反発している。

なお、朝日新聞は、同年八月五日付の朝刊で、吉田証言を「虚偽だと判断し、記事を取り消します」とし、また、本来慰安婦とは関係のない女子挺身隊を慰安婦と混同した記事を掲載したことについても誤りを認めた。

朝鮮人慰安婦問題については、次の四点を押さえておきたい。

第一に、公権力の強制性は実証されていない。第二が、軍の慰安所設置は当時としては止むを得ざる措置であった。いわゆる従軍慰安婦問題が日本批判のための政治問題化されてきた。そのうえで、日本政府は慰安婦とされる人々に対してのお詫びと反省を表明している。

・南京大虐殺問題

支那事変初期の一九三七年に、日本軍が中華民国の首都南京市を占領した際、約六週間から二カ月にわたって中国軍の便衣兵、敗残兵、捕虜、一般市民などを殺害したとされる事件が南京大虐殺問題である。この事件については、事件の規模、存否を含め様々な論争がある。その代表的なものは次のようなものだ。

当時の南京市全人口よりも多い市民を虐殺したとする（中国は三〇万人以上と主張）不合理性と、捏造された写真が利用されるなど証拠能力に低いものに依拠している点が問題としてとりあげられる。また、虐殺の規模には諸説あって確定するのは困難にもかかわらず、この問題は日本批判のための政治的道具化しており、各方面で政治宣伝内容と歴史史料とが混同される問題も指摘されている。

•請求権問題

日韓、日中間には戦争に関した日本による災禍に対しての賠償請求権問題がある。

一九六五年に締結された「請求権協定」によって、日本は、韓国に投資した日本の資本と日本人の個別の財産を全て放棄するということと同時に、三億ドルの無償資金と二億ドルの借款を支援し、韓国は対日請求権を放棄することで合意した。

同協定二条には『両締約国は締約国およびその国民の財産、権利および利益と両締約国およびその国民の間の請求権に関する問題が完全にそして最終的に解決されたことを確認する』、また付属条項には『相手締約国およびその国民に対するすべての請求権として一九四五年八月一五日以前に発生した理由に起因するものに関してはいかなる主張もできないこととする』と記載されたのである。

しかしながら、条約締結後も対日請求が繰り返されている。その主要なものは次の通りである。

・二〇〇五年の盧武鉉政権以降、慰安婦、サハリン残留韓国人、韓国人原爆被害者の問題は対象外だったとの主張

・二〇〇五年四月には、韓国の与野党議員二七人が、日韓基本条約が屈辱的であるとして破棄し、同時に日本統治下に被害を受けた個人への賠償などを義務付ける内容の新しい条約を改めて締結するように求める決議案を韓国国会に提出

・二〇一二年、韓国最高裁が日本企業の徴用者に対する賠償責任を認める

・二〇一二年、李明博大統領による天皇謝罪要求

中国に関しても同様の問題が継続している。

日中両国は一九七二年の国交正常化に当たって日中共同声明を発表した。ここで日本は、過去の戦争で中国に与えた損害について「責任を痛感し、深く反省する」と表明、中国が「日中両国民の友好のために、日本に対する戦争賠償の請求を放棄する」と宣言した。

ところがその後、放棄を宣言したはずの賠償問題について中国から幾つかの提訴がなされた。日本の裁判所への提訴の代表的なものには西松建設強制連行訴訟がある。

西松建設が戦争中に行った中国人強制連行による損害賠償請求権については、最高裁判所は二〇〇七年四月二七日の判決で、個人（法人も含む）の有する請求権を放棄したものと解した。ただし、その後二〇〇九年には和解が成立している。

一方、中国の裁判所への提訴事件もある。

中国で日本への民間賠償請求を認める動きが表面化したのは、江沢民政権が日本の歴史問題

に繰り返し言及した一九九〇年代である。しかしながら提訴に関しては、当時はいずれも受理されずに門前払いされてきた。ところが現在、次のような事案が注目され、一転して中国の裁判所の判断が大きく変わるのではないかともされている。

二〇一四年二月「強制連行」中国人三七人が提訴し三菱マテリアルなど二社に賠償請求したのである。

北京でのこの提訴に続き、河北、山東各省など戦時中、日本の勢力圏にあった地方でも同様の訴訟が起こされる見通しだ。「強制連行」問題で、これまで中国国内の裁判所に提出された訴状は受理されてこなかった。仮に今回受理されるようであれば、中国の方針転換を示すものとなる。受理の可否は形式上、同法院が今後判断するが、中国では三権分立制を認めておらず、司法は中国共産党の指導下にあることから、その結果は党＝中国の新判断と考えられる。

一方、中国政府が戦争賠償の代替として認識しているとされる日本の対中政府開発援助（ODA）は、円借款も含め総額三兆六〇〇〇億円以上になる。しかしながら、その存在は中国の国民にはほとんど認識されていない。

●日本の情報発信戦略始動

二〇一四年七月二八日の報道によれば、『政府は、対外発信の強化に向け、世界の主要都市に日本の広報戦略の拠点施設「ジャパン・ハウス（仮称）」を建設する方針を固めた。（中略）

中韓両国の反日キャンペーンに対抗し、日本の存在感を高める狙いもある。（中略）「ジャパン・ハウス」の最初の建設候補地はロンドンが有力となっている。』という。従来、中韓両国の反日キャンペーンに対し、何ら具体的な対策を打たなかった日本にとっての方針転換ともいう施策は、大いに期待出来る。

また、これに先行し、中国や韓国による欧米諸国などにおける日本非難に関する宣伝に対して、日本はすでに機を失せず反論する姿勢をとっている。

・日中間の危機対処システムの構築

現在、東シナ海の海・空域において、日中間の緊張が高まっており、不測の事態も懸念される状況にある。不測の衝突を回避し、海・空域での不測の事態が軍事的衝突または政治問題化することは絶対的に避けなければならない。その目的として、軍事交流のほかに日中防衛当局間におけるハイレベルのホットラインの設置および海上連絡メカニズムの構築が必要となっているといえよう。

従来、日中両国は、海上連絡メカニズムの構築などについて合意していたが、これは尖閣諸島の国有化以降協議が中断している。

この中断の間に、海自護衛艦に対する射撃管制用レーダーの照射事件（二〇一三年一月）、空自の情報収集機に対する二度の中国空軍戦闘機の異常接近事件（二〇一四年五月六月）が発生し、米イージス巡洋艦への急接近・進路妨害事件（二〇一三年一二月）もあったように、これは間違いなく喫緊の課題である。

日本側は機会ある毎に協議再開の早急なるシステムの構築を要求しているが、中国がそれに応じることはなく進展はみられない。そんななか二〇一四年八月一九日には、中国軍戦闘機SU-27が嘉手納基地所属の米軍対潜哨戒機P-8に、一五メートルあるいは六メートル近くまで異常接近するという事案が起きた。これは海南島東方沖の南シナ海の国際空域での事例。一触即発の危機がそこにあるといって間違いない。ただし、一一月一〇日の日中首脳会談を受けて、二年半ぶりに本連絡メカニズムの運用開始に向けた協議が動き出す。しかしながら実効性ある連絡体制が出来るかについては課題も多い。

二〇一四年四月には、日米中、東南アジアを諸国など二一カ国の海軍当局が「海上衝突回避規範」（CUES）に合意した。これは各国の海軍艦艇、航空機が洋上で遭遇した際の危険行為を禁じる内容である。もっともこの規範合意以後に異常接近事件が起きているという事実は、中国の規範履行には懐疑的にならざるを得ない。

CUESには法的拘束力がなく、中国海軍がこの規範を守るかどうか不透明。遵守させるための関係国の連携が必要とされていることは確実だ。二〇一五年一月中旬、中断していた「日中海上連絡メカニズム」の運用開始に向けた協議が、二年半ぶりに開催された。どれだけ実効性のある連絡体制を作ることが出来るか、課題も多い。

・日・中・韓の懸案事項をまとめる

従来、日本は、中国・韓国からの客観性に欠ける非難を甘受してきた。しかしながら、現在は理不尽で事実とは異なる誹謗中傷については、毅然として反論するように方針を転換した。そのような体制を構築することは非常に望ましいと考えられる。

また歴史認識問題は、一朝一夕に解決出来るものではない。後世の判断、叡智に期待すべき問題だろう。これに対しては同時に歴史認識の共同研究案も提起されてはいるが、時期尚早とする意見が強いのも事実である。

歴史認識にかかわる共同研究は、冷静かつ客観的な議論が出来る状況でなければ、適切なものとはなり得ない。特に中韓の政治的思惑が色濃い状況では無理だろう。これは大きく国益を毀損することにつながり、日本が平和外交の骨幹として推進してきたＯＤＡなどの効果をほとんど無にしてしまうものである。

一方、中・韓以外の世界各国は、日本が戦後平和国家として歩んできたことを評価もし、理解・支持している。悪意を持って国際社会に流布された日本悪玉論を払拭するには、主張すべき点を根気強く主張するとともに、世界的に広く認識される戦後日本の現実の姿からの現実理解を得ることが従来にも増して重要となっている。

おわりに

山下輝男（元陸将）

本書で詳説した通り、日本周辺には冷戦終結後も依然として領土問題や統一問題を始めとする不透明・不確実な要素が残っている。また、領土や主権、経済権益などをめぐり、純然たる平時とは異なるもののさりとて有事ともいいかねる、いわゆるグレーゾーンの事態が増加する傾向にある。

特に、中国は、継続的に高い水準で国防費を増加させ、軍事力を広範かつ急速に強化している。「A2／AD」能力の強化、東・南シナ海の海空域などにおける活動の急速な拡大・活発化に狂奔するばかりか、海洋における利害の対立する諸問題に対しての力を背景とした現状変更の試みなど、高圧的ともいえる対応も顕著となっている。

わが国の周辺海空域においても、公船や航空機による領海への断続的な侵入や領空侵犯を繰り返す。さらに海軍艦艇による海自護衛艦に対する火器管制レーダー照射や戦闘機による自衛隊機への異常接近も起こした。さらには独自の主張に基づく「東シナ海防空識別区」設定といった公海上空における飛行の自由を妨げるような行為を代表に、不測の事態を招きかねない危険な行為を繰り返しているといえよう。

北朝鮮は、金正恩体制への移行後も軍事を重視する体制をとり、大規模な軍事力を展開している。核兵器を始めとする大量破壊兵器や弾道ミサイルの開発・配備、移転・拡散の進行、大規模な特殊部隊の保持など、非対称的な軍事能力を引き続き維持・強化する状況だ。特に、北朝鮮の弾道ミサイル開発は、累次にわたるミサイルの発射による技術の進展により新たな段階に入ったと考えられる。

国際社会からの自制要求を顧みず、核実験を継続した結果、核兵器の小型化・弾頭化の実現に至っている可能性も排除出来ない。また、高濃縮ウランを用いた核兵器開発を推進している可能性すらある。日本を含む関係国に対する挑発的言動も繰り返している。このような北朝鮮の軍事動向は、わが国はもとより、地域・国際社会の安全保障にとっても重大な不安定要因となっている。

また、ロシアは、ウクライナにおけるクリミア併合にみられるように、力による現状変更を強行し、また経済発展を背景に、国力に応じた核戦力を含む軍事態勢の整備を行っている。近年、兵員の削減と機構面の改革、即応態勢の強化、新型装備の開発・導入を含む軍の近代化が進められており、最近では軍の活動に活発化と活動領域の拡大の傾向がみられる。同様に極東においても、ロシア軍の活動が活発化する傾向が表れており、大規模な演習も実施される状況である。

一方、米国は、財政状況の厳しさという問題を抱えている。安全保障戦略を含む戦略の重点をよりアジア太平洋地域に置くことや、同地域における同盟国との関係強化および友好国との協力拡大といった方針（アジア太平洋地域へのリバランス）を打ち出してはいるが、相対的な影響力の低下は否めない。

日本周辺におけるこのような劇的ともいえる軍事バランスの変化は、わが国に対する安全保障上のリスクがそれだけ増大しつつあることを意味している。

日本は、七〇年余りも太平の惰眠を貪ってきた。そんななか、このようなリスクの増大に対していかに対応すべきかが、朝野において真剣に議論され、逐次にそれが具体化されつつある。『第四章　変わりゆく自衛隊』において述べたとおり、安全保障法制の整備にかかわる閣議決定があり、国家安全保障戦略が策定され、日本版ＮＳＣも始動するなど、大きな変化がみられる。自衛隊は、この変化に応じて現在までの自衛隊とは一味も二味も違う〝普通の国の普通の武力組織〟に変貌しつつあるし、またそうでなければならない。

もちろん、国民の負託に十分に応えられる自衛隊となるためには、依然として乗り越えるべき課題は多い。しかし、微かな燭光がみえつつあるように感じられるのも確かである。最終的には、憲法のなかに自衛隊をいかに位置付けるかが問われよう。

自衛隊をいかに運用・活用するかは、日本国民の意思によるものであるといえる。そのためには、国家の公共財としての自衛隊を、真に理解して貰うことこそが重要であると信じている。自衛隊六〇年の来し方を顧み、現下の情勢を踏まえて、どのように変化しようとしているのかを認識して頂くことが重要であると考えている。

そういう意味において、本書が幾何かの参考になれば望外の喜びである。隊員諸官は、国民の負託に存分に応えるべく、日夜厳しい訓練に挑戦している。精強な自衛隊の存在と国民の幅広い支持と理解、そして成熟した政治意思の決定が鼎立してこそ、日本の安全保障が全うされるものと信じるものである。

現在、安倍晋三総理の指導のもと、安全保障に関する諸々の事項が審議されている。本小論は二〇一五年当初の時点で執筆したものであり、文中指摘した事項のうちのいくつかは対応が進展しているものと思われるが、敢えてそのままとした。経緯のひとつとして、ご理解頂きたい。

《参考文献》

『防衛白書』
（平成二四年度版、平成二五年度版、平成二六年度版）
『自衛権』　西修　学陽書房　一九七八年版
『自衛隊の誕生』　増田弘　中公新書　一九七五年版
陸上自衛隊ＨＰ
海上自衛隊ＨＰ
航空自衛隊ＨＰ
統合幕僚監部ＨＰ
内閣官房ＨＰなど

夏川和也（なつかわ かずや）
1940年山口県出身。1962年に防衛大学校を卒業し、海上自衛隊に入隊。
1996年に第22代海上幕僚長、1997年に第22代統合幕僚会議議長に就任。
1999年に退官。現在は水交会相談役を務める。

山下輝男（やました てるお）
1946年鹿児島県出身。1969年防衛大学校を卒業し、陸上自衛隊に入隊。
富士学校副校長などを経て2001年に第５師団長（陸将）に就任。
2004年に陸上自衛隊を退官するも、多くのNPO法人とを通して
平和と安全についての活動を続ける。

本書刊行にご協力いただいた川村隆一朗氏にこの場を借りてお礼申し上げます。

岐路に立つ自衛隊

戦後の変遷から未来を占う

2015年3月30日　初版第1刷発行

著　　者　夏川和也／山下輝男
編集制作　オフィス三銃士
本文デザイン　クエスト／五十嵐好明（LUNATIC）
発 行 者　瓜谷綱延
発 行 所　株式会社文芸社
〒160-0022 東京都新宿区新宿1-10-1
電話 03-5369-3060（編集）
03-5369-2299（販売）
印 刷 所　図書印刷株式会社

ISBN978-4-286-15847-1